GUOJI SHIPIN FADIAN NONGYAO CANLIU
BIAOZHUN ZHIDING JINZHAN
（2017）

国际食品法典农药残留标准制定进展

（2017）

农业农村部农药检定所　组编

黄修柱　单炜力　叶贵标　赵尔成　主编

中国农业出版社
北　京

图书在版编目（CIP）数据

国际食品法典农药残留标准制定进展.2017 / 农业
农村部农药检定所组编；黄修柱等主编.—北京：中
国农业出版社，2022.3
ISBN 978 - 7 - 109 - 29171 - 3

Ⅰ.①国… Ⅱ.①农… ②黄… Ⅲ.①食品污染－农
药残留量分析－食品标准－世界－2017 Ⅳ.①TS207.5

中国版本图书馆 CIP 数据核字（2022）第 035698 号

中国农业出版社出版
地址：北京市朝阳区麦子店街 18 号楼
邮编：100125
责任编辑：阎莎莎
版式设计：王　晨　责任校对：沙凯霖
印刷：北京大汉方圆数字文化传媒有限公司
版次：2022 年 3 月第 1 版
印次：2022 年 3 月北京第 1 次印刷
发行：新华书店北京发行所
开本：880mm×1230mm　1/32
印张：4.75
字数：120 千字
定价：49.00 元

编　委　会

前 言

民以食为天，食以安为先。食品安全事关广大消费者的身心健康，是实现全国人民美好生活的最基本保障。食品安全也事关消除贫困、消除饥饿，是实现 2030 年全球可持续发展目标的基本要求。食品中包括农药在内的化学物质是全球食品安全的主要关注重点之一，农产品中农药残留是影响我国食品安全和农产品质量安全的重要因素之一。除了直接关系到广大消费者的身心健康，农产品中农药残留已经发展成为农产品国际贸易的重要技术壁垒，直接影响农产品和农药的销售和国际贸易，受到世界各国政府的高度重视和国际社会的普遍关注。

国际食品法典（CODEX ALIMENTARIUS）是国际食品法典委员会（CAC）组织制定的所有食品质量和安全标准的总称，包括食品标准、最大残留限量、行为准则、技术指南、指导指标和采用检查方法等。由于国际食品法典基于最新的科学成果，经过公开透明的制定程序，通过和成员协商一致而制定，目前得到世界普遍认可，并作为世界贸易组织（WTO）《卫生与植物卫生技术性措施协定》（SPS 协定）指定的仲裁标准，成为保护人类健康和促进全球食品公平贸易的重要措施。我国自 1983 年参加第一次 CAC 大会，1984 年成为 CAC 正式成员以来，积极参与 CAC 标准的制定工作，一直关注、参与、跟踪和研究国际食品法典的进展，为建立和完善我国食品和农产品质量安全体系提供了重要参考。国际食品法典农药残留委员会（CCPR）

作为 CAC 设立最早的主题专业委员会之一，主要负责食品和饲料中农药最大残留限量法典标准的制定工作，是目前制定法典限量标准最多的委员会。我国于 2006 年成为 CCPR 的主席国，从 2007 年开始每年在我国召开一次 CCPR 年会。迄今为止，CCPR 已在我国北京、杭州、上海、西安、南京、重庆、海口、澳门等地召开了 13 届年会。通过组织 CCPR 年会，我们深入了解了农药残留法典标准制定的程序、风险评估原则和系列技术指南，以及主要成员关注的热点，对法典标准不但做到了知其然，还知其所以然，从而成功借鉴法典标准的程序和指南，构建了我国农药残留标准体系，将法典标准转化为国家标准，加快了我国农药残留国家标准制定的步伐。同时，通过深入参与 CCPR 年会议题的研究和讨论，不断提升了我国在国际标准制定中的话语权。深入参与国际标准制定，实现了我国制定农药残留国际标准零的突破，填补了我国制定法典农药残留标准的空白。

不同国家的实践和经验均表明，跟踪和研究 CAC 农药残留标准制定的最新进展，是提高农药残留标准制定能力和水平的有效举措。同时，跟踪和研究每届 CCPR 年会讨论审议的农药残留标准，也是我国 CCPR 主席国的基本职责。作为 CCPR 年会重要的筹备工作内容之一，CCPR 秘书处每年组建年会各项议题的研究专家组，对年会拟讨论议题进行系统、深入的研究，其中年会讨论的农药残留标准是其最重要的议题之一，为主席主持会议提供技术支撑，为中国代表团准备参会议案和发言口径提供技术支持。

为确保供 CCPR 讨论和审议的标准草案具有充分的科学依据，联合国粮食及农业组织和世界卫生组织联合组建了农药残留联席会议（FAO/WHO Joint Meeting on Pesticide Residues,

简称 JMPR），为 CAC 和 CCPR 提供权威的科学评估和咨询意见。JMPR 由世界各地农药残留和农药毒理方面的权威专家组成，负责按照上年 CCPR 年会审议通过的农药残留标准制定优先列表，评审成员和农药公司提交的农药毒理学和残留数据，开展系统风险评估，推荐法典农药残留限量标准草案，供次年的 CCPR 年会讨论和审议。JMPR 评估的农药包括新评估农药、周期性评估农药和农药新用途评估三大类。其中，新评估农药是 JMPR 首次评估的农药，通常包括全套毒理学数据，农药在动植物中的代谢、环境归趋、残留分析方法、储藏稳定性、各国登记状况、田间残留试验、加工试验和动物饲喂试验等全套残留数据，结合各国、各地区膳食结构，开展风险评估，根据风险评估结果推荐农药最大残留限量标准草案。周期性评估农药是指首次评估 15 年后，对一些老的农药重新开展全套毒理学和农药残留评估，确保 CAC 农药残留标准符合最新的科学要求和人类健康需求，评估内容与首次评估农药基本一致。新用途评估农药是指首次评估或周期性评估后，增加了新的使用用途（新作物），评估新使用用途带来的风险变化，推荐新作物上农药残留限量标准。

　　为使更多的读者了解国际农药残留研究和标准制定的最新动态，为我国农药残留基础研究和标准制定提供更有意义的参考，CCPR 秘书处组织专家编写了《国际食品法典农药残留标准制定进展》系列丛书。本书为《国际食品法典农药残留标准制定进展》（2017），主要根据 JMPR2017 年 9 月在瑞士日内瓦专家会议评估的内容和 2018 年 CCPR 年会审议的内容编著而成。

　　本书简要介绍了国际食品法典及 CCPR 历史和现状，以及 CAC 农药残留法典标准制定的程序，着重分析了 JMPR 在 2017 年会议上推荐的 9 种新评估农药、6 种周期性评估农药、23 种新用途评估农药的 487 项食品法典农药残留限量（Codex-MRLs）标准草案的评估过程和结论，并详细列出了新农药和周期性评估农药在世界各地区和各种相关农产品中的风险状况。本书是读者了解农药残留标准制定国际动态的权威著作，对从事农药领域教学、研究、检测和标准制定的管理部门、科研院校、检测机构具有重要参考价值，也适合农药生产、经营和使用者参阅，以及帮助关注农药残留的社会各界人士了解国际农药残留的相关动向。

虽然参与编著的专家均多次参加年会，长期从事农药残留和标准制定及相关的研究，但由于时间紧迫，知识水平有限，书中定会有很多不妥之处，请各位读者斧正。

编　者

2021 年 3 月 22 日

主要英文缩略词

ADI	每日允许摄入量
ARfD	急性参考剂量
cGAP	农药使用最严良好农业规范
CXLs	食品法典最大残留限量
EMRLs	再残留限量
GAP	良好农业规范
GEMS	全球环境监测系统
HR	最高残留量
HR-P	加工产品的最高残留值（由初级农产品中的最高残留值乘以相应的加工因子获得）
IEDIs	国际估算每日摄入量
IESTI	国际估算短期摄入量
LOAEL	观察到有害作用最低剂量水平
LOQ	定量限
MRL	最大残留限量
MTD	最大耐受剂量
NOAEL	未观察到有害作用剂量水平
PHI	安全间隔期
RTI	施药间隔期
SPS	卫生与植物卫生技术性措施
STMR	残留中值
STMR-P	加工产品的规范残留试验中值（由初级农产品中的残留中值乘以相应的加工因子获得）
TBT	技术性贸易壁垒

目 录
CONTENTS

前言
主要英文缩略词

第一章 概 述

一、国际食品法典委员会

国际食品法典委员会（Codex Alimentarius Commission,
CAC）[①] 是由联合国粮食及农业组织（FAO）[②] 和世界卫生组织
（WHO）[③] 共同建立的政府间组织，通过负责确定优先次序，组织
并协助发起食品法典（Codex）草案的拟定工作，以促进国际政府
与非政府组织所有食品标准工作的协调，根据形势的发展酌情修改
已公布的标准，最终实现保护消费者健康，确保食品贸易公平进行
的宗旨[④]。

20世纪40年代，随着食品科学技术的迅猛发展，公众对于食
品质量安全及相关的环境、健康风险的关注程度不断提高。食品消
费者开始更多地关注食品中的农药残留、环境危害以及添加剂对健
康的危害，随着有组织的消费者团体的出现，各国政府面临的保护
消费者免受劣质和有害食品危害的压力也不断增加。与此同时，各
贸易国独立制定的多种多样的标准极大地影响了各国间的食品贸
易，各国之间在制定食品标准领域内缺少协商，给国家之间的商品
贸易造成了极大的阻碍。随着世界卫生组织（WHO）和联合国粮

[①] http://www.fao.org/fao-who-codexalimentarius/home/en/
[②] http://www.fao.org/home/en/
[③] https://www.who.int/en/
[④] http://www.fao.org/fao-who-codexalimentarius/about-codex/en/≠c453333

食及农业组织（FAO）的先后成立，越来越多的食品管理者、贸易商和消费者期望 FAO 和 WHO 能够引领食品法规标准的建设，减少由于缺失标准或标准冲突带来的健康和贸易问题。1961 年，FAO 召开的第 11 届大会通过了建立国际食品法典委员会的决议。1962 年 10 月，WHO 和 FAO 在瑞士日内瓦召开了食品标准联合会议，会议还建立了 FAO 和 WHO 的合作框架，并为第一次国际食品法典会议的召开做了准备。1963 年 5 月，第 16 届 WHO 大会批准了建立 WHO/FAO 联合标准计划的方案，并通过了《食品法典委员会章程》。1963 年 6 月 25 日至 7 月，国际食品法典第一次会议在罗马召开，这也标志着国际食品法典委员会正式成立。

截至目前，国际食品法典委员会共计有 189 个成员，包括 188 个国家和一个组织（欧盟），以及 237 个观察员，包括 58 个政府间组织、163 个非政府组织和 16 个联合国机构。

CAC 下设秘书处、执行委员会和 6 个地区协调委员会，其下属的目前仍然处于活跃状态的有 10 个综合主题委员会、4 个商品委员会和 1 个政府间工作组[①]。

《国际食品法典》是 CAC 的主要工作产出，概括而言，《国际食品法典》是一套国际食品标准、食品操作规范和指南的集合，其根本目的是为了保护消费者健康和维护食品贸易的公平。截止到 2016 年 7 月，CAC 共计发布了 76 项指南、50 项操作规范、610 项关于兽药的最大残留限量（MRLs）、191 项商品标准、4 846 项农药的最大残留限量值和 4 037 项食品添加剂最高限量值[②]。

二、国际食品法典农药残留委员会

国际食品法典农药残留委员会（Codex Committee on Pesticide Residues，CCPR）是 CAC 下属的 10 个综合主题委员会之一。CCPR

---

① http://www.fao.org/fao-who-codexalimentarius/committees/en/
② FAO/WHO, 2018. 贸易与食品标准.

制定涉及种植、养殖农产品及其加工制品的农药残留限量法典标准，经 CAC 审议通过后，成为被世界贸易组织（WTO）认可的涉及农药残留问题的国际农产品及食品贸易的仲裁依据，对全球农产品及食品贸易产生着重大的影响。

CCPR 的主要职责包括：①制定特定食品或食品组中农药最大残留限量；②以保护人类健康为目的，制定国际贸易中涉及的部分动物饲料中农药最大残留限量；③为 FAO/WHO 农药残留联席会议（JMPR）编制农药评价优先列表；④审议检测食品和饲料中农药残留的采样和分析方法；⑤审议与含农药残留食品和饲料安全性相关的其他事项；⑥制定特定食品或食品组中与农药具有化学或者其他方面相似性的环境污染物和工业污染物的最高限量（再残留限量）[①]。

CCPR 原主席国为荷兰，自 1966 年第一届 CCPR 会议以来，荷兰组织召开了 38 届会议，2006 年 7 月，第 29 届 CAC 大会确定中国成为 CCPR 新任主席国，承办第 39 届会议及以后每年一度的委员会年会。CCPR 秘书处设在农业农村部农药检定所。截至 2017 年第 49 届 CCPR 年会，我国已经成功举办了 11 届 CCPR 年会，组织审议了 3 000 多项 CAC 农药残留标准和国际规则，CCPR 成为 CAC 制定国际标准最多的委员会。

三、FAO/WHO 农药残留联席会议（JMPR）

FAO/WHO 农药残留联席会议（Joint Meetings on Pesticide Residues，JMPR）成立于 1963 年，是 WHO 和 FAO 两个组织的总干事根据各自章程和组织规则设立的一个专家机构，负责就农药残留问题提供科学咨询，由 FAO 专家和 WHO 专家共同组成。JMPR 专家除了具备卓越的科学和技术水平，熟悉相关评估程序和规则之外，还要具备较高的英文水平。专家均以个人身份参加评估，不代表所属的机构和国家。WHO 和 FAO 在确定专家人选的

---

① 　FAO/WHO，2019. Codex Alimentarius Commission Procedural Manual. 27th edition.

· 3 ·

时候，也充分考虑到专家学术背景的互补性和多样性，平衡专家所在国家的地理区域和经济发展情况①。FAO/WHO 农药残留联席会议是 CAC 主要专家机构之一，独立于 CAC 及其附属机构，确保该机构的科学、公正立场。

FAO/WHO 农药残留联席会议一般每年召开一次，也会根据农药残留标准制定的迫切需要召开增开会议（extra meeting）。FAO/WHO 农药残留联席会议的主要职责是开展农药残留风险评估工作，推荐农药最大残留限量（MRL）建议草案、每日允许摄入量（ADI）和急性参考剂量（ARfD）等提供给 CCPR 审议。FAO/WHO 农药残留联席会议一般根据良好农业规范（GAP）和登记用途提出 MRLs，在特定情况下［如再残留限量（EMRLs）和香辛料 MRL］根据监测数据提出 MRLs 建议。

FAO 专家组主要负责评估农药的动植物代谢、在后茬作物上的残留情况、加工过程对农药残留的影响、农药残留在家畜体内的转化、田间残留试验结果、农药环境行为以及农药残留分析方法等资料，确定农药残留定义，并根据 GAP 条件下的残留数据开展农药残留短期和长期膳食风险评估，推荐食品和饲料中最大农药残留水平、残留中值（STMR）和最高残留值（HR）②。

WHO 专家组负责评估农药毒理学资料，主要评估农药经口、经皮、吸入、遗传毒性、神经毒性或致癌性等急性、慢性等一系列毒理学资料，并在数据充足的情况下估算农药的每日允许摄入量（ADI）和急性参考剂量（ARfD）。

FAO/WHO 农药残留联席会议专家组根据风险评估的模型和方法，判断能否接受推荐的残留限量建议值，并将推荐的最大残留限量建议值供 CCPR 和 CAC 进行审议。

---

① Call for submission of applications to establish a roster of experts as candidates for membership of the FAO Panel of the JMPR, 2015.

② FAO/WHO, 2019. Codex Alimentarius Commission Procedural Manual. 27th edition.

第二章 农药残留国际标准制定规则最新进展

农药残留国际标准制定规则包括农药毒理学和残留化学两个方面的内容，是指导农药残留国际标准的通用规则，为今后农药毒理学和残留资料评审、风险评估和限量制定提供科学指导。本章介绍FAO/WHO农药残留联席会议（JMPR）2017年会议期间讨论和确定的最新内容。

一、关于食品中农药残留对人类肠道微生物影响的专题研究

2017年9月12—21日在瑞士日内瓦举行的FAO/WHO农药残留联席会议（Joint FAO/WHO Meeting on Pesticide Residues in Food，JMPR）讨论了农药残留的毒理学评价，其中包括农药残留对人类胃肠道中微生物的慢性和急性不良影响的微生物学评价。之所以开展这项研究是因为食品中的农药残留可能具有抗菌特性，而肠道微生物群可能会通过食物摄入暴露于这些农药中。在这方面，FAO/WHO食品添加剂联合专家委员会（Joint FAO/WHO Committee on Food Additives，JECFA）定期评估食品中兽药残留的急性和慢性影响，以确定是否需要制定微生物的每日允许摄入量（acceptable daily intake，ADI）。与JECFA任务相似，JMPR也可以进行相应的微生物学评估，以确定农药残留对肠道微生物群落的潜在影响。为此，可以使用JECFA决策树方法，该方法遵守国际

协调一致的兽药产品注册技术要求 *GL36* 和 *EHC 240*。

决策树方法首先是确定微生物学活性残留物是否进入人类结肠。如果没有则不需要制定微生物 ADI，使用毒理学或药理 ADI 即可。反之，如果结肠中存在潜在的微生物活性残留物，则需要评估公共卫生关注的两个端点数据：定殖屏障的干扰和耐药细菌数量的增加。在决策树过程中，如果有科学依据，有可能省略一个或两个端点测试。

有许多体外和体内的研究方法和数据库可获得微生物 ADI。其中，可用的体外研究实例是对代表性优势肠道菌群的最低抑菌浓度（MIC）敏感性试验和连续培养流动化疗系统；可用的体内研究实例是使用一系列不同浓度的相关农药进行的，包括人类志愿者、实验室动物模型和与人类微生物群相关的动物的研究。此外，可以通过粪便结合残留物测定生物利用度，生物测定和化学方法测定残留物在结肠中的生物活性，研究肠道微生物代谢残留物的潜力和杀菌剂抗药性。一旦确定了微生物 ADI，则将其与毒理学 ADI 进行比较，并选用最合适的 ADI（通常是较低值），确定为某化合物的 ADI 值。

二、历史控制数据的使用

根据 2016 年 JMPR 的建议，电子工作组准备了一个关于"动物毒性研究二进制数据"的讨论稿，即关于统计评估和历史控制数据使用的重复议题。该讨论稿的最终目标是为 *EHC 240* 提供扩展指南。本次会议对草案进行了讨论并同意了其整体结构和原则。会议提出了若干修订建议，同意电子工作组修订该文件，作为 *EHC 240* 更新版的一部分。

三、制定商品组限量的进一步考虑：实例
分析蔬菜作物分类修订后的影响

JMPR 在番茄亚组的组限量制定中，经常使用番茄和樱桃番茄的残留试验数据。JMPR 没有评估过商品组中其他作物的残留数

据，但是注意到作物生长过程、果实大小不尽相同，在一些情况下还存在果皮包裹果实等方面的差异，因而 JMPR 怀疑番茄或樱桃番茄不可以代表组内其他作物的残留情况。在缺少亚组内其他作物的相关残留数据时，JMPR 决定用番茄的残留数据推荐樱桃番茄 [*Lycopersicon esculentum* var. *cerasiforme*（Dunal）A. Grey] 和番茄（*Lycopersicon esculentum* Mill.；异名：*Solanum lycopersicum* L.）的最大残留水平。

辣椒亚组也是类似情况，JMPR 注意到秋葵上的残留与辣椒亚组中的其他作物不同。在 JMPR 没有比较辣椒、玫瑰茄和角胡麻的农药残留、作物生长特性及形状大小差异的情况下，不能把圆甜椒和长甜椒作为亚组内其他作物的代表作物，例如秋葵、玫瑰茄和角胡麻。在没有秋葵、玫瑰茄和角胡麻的残留数据时，委员会决定用圆甜椒和长甜椒的数据推荐辣椒亚组（秋葵、角胡麻和玫瑰茄除外）的最大残留水平。

四、利用田间试验残留比较模型选择来自不同施药参数的田间试验评估数据

JMPR 评价规范田间试验的残留数据，选择适用于评估最大残留水平和估算膳食暴露的残留数据集。在进行这些评估时，JMPR 选取农药产品标签上标注的最严格 GAP 条件下的田间试验数据。与最严格 GAP 相关的农药使用参数，例如施药剂量、施药间隔、施药次数和安全间隔期，在不同的田间试验中经常出现不一致的情况。

以往，JMPR 通常使用专家经验判断来判定这些差异是否对收获期残留产生确切的影响（也就是 ±25% 规则）。在农药残效期非常短，或者非常长的情况下，这种判定方式通常是非常容易的。但是对于其他情况，这种 GAP 差异的影响就不是非常清晰。为了帮助判定田间试验不同农药使用参数对收获期残留的影响，2017 年 JMPR 会议开发了一个简单模型用于比较不同施药剂量、不同施药间隔和安全间隔期条件下的收获期的残留预期值。这个模型运用了

消解动态来模拟施药后残留的降解行为。

模型的录入参数包括直接从田间试验报告和农药产品标签中获得的施药剂量、施药间隔期和安全间隔期。对于消解动态，该模型假设为以单变量一级动力学规律消解，模型所需的半衰期估算来源于残留降解数据。半衰期的估算应针对每一个农药-作物组合，同时需要能够确保模型输出结果可信性的合理依据。

2017 年 JMPR 会议仅仅在评估环溴虫酰胺时使用了这一模型，并得出结论，何时应用该模型需要基于作物个案情况。会议使用以下判定标准，作为半衰期估算的筛选条件：

1. 至少有 3 个可用的降解试验；

2. 降解试验必须含有至少 4 个时间点；

3. 施药后最短时间间隔的农药残留量必须充分高于 LOQ；

4. 农药残留量在第二个采收间隔期必须≥LOQ，在下一个采收间隔期残留量可以＜LOQ。

会议指出随着使用该工具获得更多的经验，这些半衰期判定标准将更加精确。此外，使用该工具获得的经验也将帮助识别输入参数的限制（例如安全间隔期范围）和工具的适用性（例如作物类型）。

下面是以环溴虫酰胺评估的例子（表 2 - 4 - 1、图 2 - 4 - 1 至图 2 - 4 - 3）。

表 2 - 4 - 1　GAP 数据、实际田间试验、计算的半衰期中值以及 GAP 和实际田间试验使用情况比较

作物组	来源	有效成分施用剂量/g/hm²	有效成分每季最大施用量/g/hm²	施药间隔期（RTI）/d	安全间隔期（PHI）/d	总天数（RTIs+PHI）/d	半衰期范围/d［中值］（降解试验编号）	GAP 和实际田间试验使用情况比较
仁果类水果	GAP	1×60+3×80	300	10	7	30+7=37	4.5～21［12］（n=15 苹果+1 梨）	—
	田间试验	3×100	300	14	7	28+7=35		+2.3%

（续）

作物组	来源	有效成分施用剂量/ g/hm²	有效成分每季最大施用量/ g/hm²	施药间隔期 (RTI)/ d	安全间隔期 (PHI)/ d	总天数 (RTIs+ PHI)/d	半衰期范围/d [中值] (降解试验编号)	GAP和实际田间试验使用情况比较
小型水果（葡萄）	GAP	1×60+ 3×80	300	7	7	21+7= 28	[11] (n=15 葡萄)	—
	田间试验	3×100	300	7	7	14+7= 21		+14%
头状芸薹属蔬菜	GAP	4×60	240	5	1	15+1= 16	1.0~2.0 [1.8] (n=1 花椰菜+3 青花菜+ 1甘蓝)	—
	田间试验	3×60	240	7	1	14+1= 15		−8%
	田间试验	3×100	300	7	1	14+1= 15		+53%

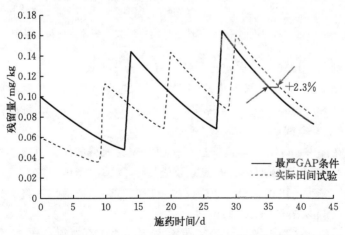

图 2-4-1　两种不同 GAP 条件下环溴虫酰胺在仁果类水果中残留量的对比

仁果类水果，比较了3次施药［每次有效成分用量100 g/hm²，施药间隔期14 d，安全间隔期7 d（共35 d）］与4次施药［首次有效成分用量60 g/hm²＋后3次每次有效成分用量80 g/hm²，施药间隔期10 d，安全间隔期7 d（共37 d）］。

在图2-4-1中，模型显示2种使用方式应该预期产生同样或相似数量的残留；因此，JMPR会议决定田间试验结果适用于最大残留限量、STMRs和HRs的评估。

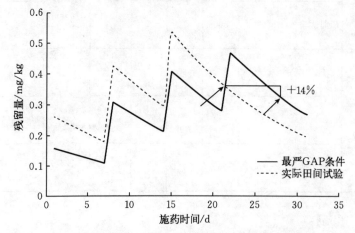

图2-4-2　两种不同GAP条件下环溴虫酰胺在葡萄中残留量的对比

葡萄，比较了3次施药［每次有效成分用量100 g/hm²，施药间隔期7 d，安全间隔期7 d（共21 d）］与4次施药［首次有效成分用量60 g/hm²＋后3次每次有效成分用量60 g/hm²，施药间隔期7 d，安全间隔期7 d（共28 d）］。

在图2-4-2中，模型显示从田间试验获得的残留可能比最严格GAP条件下预期得到的残留数值高14%。由于偏差在常规可接受的±25%范围内，JMPR会议决定田间试验结果适用于最大残留限量、STMRs和HRs的评估。

头状芸薹属蔬菜，比较了4次施药［首次有效成分用量60 g/hm²＋后3次每次有效成分用量100 g/hm²，施药间隔期7 d，安全

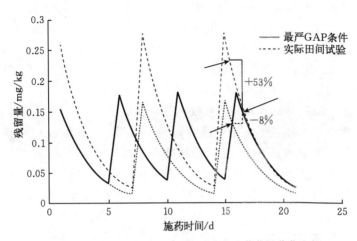

图 2-4-3　两种不同 GAP 条件下环溴虫酰胺在头状芸薹属蔬菜中残留量的对比

间隔期 1 d（共 15 d）］与 4 次施药［每次有效成分用量 60 g/hm²，施药间隔期 5 d，安全间隔期 1 d（共 16 d）］。

　　在图 2-4-3 中，模型显示相似施药剂量但较少施药次数、较长施药间隔的田间试验获得的残留量应该比最严格 GAP 条件下预期得到的残留数值低 8%。由于偏差在常规可接受的 ±25% 范围内，JMPR 会议决定田间试验结果适用于最大残留限量、STMRs 和 HRs 的评估。但是如果田间试验采用相同的施药间隔和更高的施药剂量，残留量可能超过 25% 的限制。JMPR 会议决定不采用这些田间试验数据用于残留评估。

五、各国大份额膳食数据更新，修订 JMPR 短期膳食摄入自动计算表格

　　为了统一和简化评估过程，2003 年 JMPR 会议决定采用自动计算表格来计算短期膳食摄入量。这一自动计算程序由荷兰国家公共健康和环境所（RIVM）开发。国际短期膳食摄入评估（international estimate of short term intake，简称 IESTI）模型是一个可实现

农药残留短期膳食摄入自动计算的 Excel 表格，并在可能的情况下将这些消费数据与估算加工产品的规范残留试验中值［STMR－P］和加工产品的最高残留值［HR－P］的法典商品联系起来。IESTI 模型使用 FAO 手册第 6 章所描述的 IESTI 计算公式。使用 IESTI 模型时，需要录入 JMPR 评估的 ARfD、STMR－P、HR－P 等数值，随后模型自动计算并生成数据总结表格。

根据各国提供的大份额膳食数据，IESTI 模型在 2012 年进行了更新，并增加了对提交的大份额膳食数据的质量控制。本次会议上，IESTI 模型再次更新，纳入了美国和加拿大的更多的大份额膳食最新数据。此外，EFSA PRIMo 模型第 2 版中包含的来自比利时、丹麦、爱尔兰、意大利、立陶宛、波兰、西班牙和英国的大份额膳食数据也并入了目前 JMPR 使用的 IESTI 模型中。目前的 IESTI 模型包含了来自澳大利亚、巴西、加拿大、中国、欧盟 12 国、日本、泰国和美国的大份额膳食数据。

IESTI 模型可以从 WHO 网站下载，网址是 http://www.who.int/foodsafety/areas_work/chemical-risks/gems-food/en/。

第三章 2017 年制定农药最大残留限量标准新进展概述

　　2017 年 9 月 12—21 日，FAO/WHO 农药残留联席会议（The Joint FAO/WHO Meeting on Pesticide Residues，JMPR）在瑞士日内瓦 WHO 总部召开，来自中国、美国、英国、澳大利亚、德国等国家的 40 多名专家和 JMPR 的 FAO 秘书处、WHO 秘书处的官员参加了会议。会议共评估了 38 种农药的残留及毒理学试验资料，基本信息列表详见表 3-1 至表 3-4。

　　其中，氟吡草酮、环溴虫酰胺、喹螨醚、胺苯吡菌酮、三乙膦酸铝、稻瘟灵、那他霉素、亚磷酸和三氟苯嘧啶共 9 种农药属于首次评估农药；多菌灵、矮壮素、丁苯吗啉、唑螨酯、杀线威和甲基硫菌灵共 6 种农药属于周期性评估农药；啶虫脒、嘧菌酯、克菌丹、嘧菌环胺、2,4-滴、苯醚甲环唑、氟啶虫酰胺、联氟砜、氟吡菌酰胺、氟吡呋喃酮、甲氧咪草烟、咪唑烟酸、吡虫啉、吡唑萘菌胺、啶氧菌酯、丙环唑、环氧丙烷、丙硫菌唑、二氯喹啉酸、苯嘧磺草胺、乙基多杀菌素、戊唑醇和肟菌酯共 23 种农药属于新用途评估农药。

　　2017 年 FAO/WHO 农药残留联席会议共推荐了 487 项农药最大残留限量，其中，新制定农药最大残留限量 353 项，修改农药最大残留限量 92 项，删除农药最大残留限量 42 项。这些农药最大残留限量将经 CCPR 第 50 届年会审议通过后成为国际食品法典标准。

一、首次评估农药

　　2017 年 FAO/WHO 农药残留联席会议首次评估了共 9 种农

药，分别为胺苯吡菌酮、稻瘟灵、氟吡草酮、环溴虫酰胺、喹螨醚、那他霉素、三氟苯嘧啶、三乙膦酸铝和亚磷酸，相关研究进展如表3-1。

表3-1 首次评估农药的相关进展

序号	农药中文名	农药英文名	法典农药编号	主要评估内容
1	胺苯吡菌酮	fenpyrazamine	298	开展了毒理学评估，推荐了ADI和ARfD。开展了残留评估，推荐了其在樱桃亚组等植物源农产品和哺乳动物脂肪（乳脂除外）等动物源农产品中的21项农药最大残留限量
2	稻瘟灵	isoprothiolane	299	开展了毒理学评估，推荐了ADI。开展了残留评估，推荐了其在糙米等植物源农产品和奶等动物源农产品中的6项农药最大残留限量
3	氟吡草酮	bicyclopyrone	295	开展了毒理学评估，推荐了ADI和育龄妇女ARfD。开展了残留评估，推荐了其在大麦等植物源农产品、可食用内脏（哺乳动物）等动物源农产品和大麦秸秆等饲料中的17项农药最大残留限量
4	环溴虫酰胺	cyclaniliprole	296	开展了毒理学评估，推荐了ADI。开展了残留评估，推荐了其在樱桃等植物源农产品、可食用内脏（哺乳动物）等动物源农产品和稻秸秆等饲料中的23项农药最大残留限量
5	喹螨醚	fenazaquin	297	开展了毒理学评估，推荐了ADI和ARfD。开展了残留评估，推荐了其在樱桃亚组、啤酒花上的2项农药最大残留限量

（续）

序号	农药中文名	农药英文名	法典农药编号	主要评估内容
6	那他霉素	natamycin	300	开展了毒理学评估和残留评估，由于数据不足，未能推荐 ADI 和 ARfD，推荐了其在柑橘上的 1 项农药最大残留限量
7	三氟苯嘧啶	triflumezopyrim	303	开展了毒理学评估，推荐了 ADI 和 ARfD。开展了残留评估，推荐了其在稻谷等植物源农产品和肉（哺乳动物，除海洋哺乳动物）等动物源农产品中的 12 项农药最大残留限量
8	三乙膦酸铝	fosetyl-aluminium	302	开展了毒理学评估，推荐了 ADI。开展了残留评估，推荐了其在鳄梨等植物源农产品、可食用内脏（哺乳动物）等动物源农产品中的 20 项农药最大残留限量
9	亚磷酸	phosphonic acid	301	开展了毒理学评估，推荐了 ADI。开展了残留评估，推荐了其在鳄梨等植物源农产品、可食用内脏（哺乳动物）等动物源农产品中的 20 项农药最大残留限量

二、周期性再评价农药

2017 年 FAO/WHO 农药残留联席会议共评估了 6 种周期性评估农药，分别为矮壮素、丁苯吗啉、多菌灵、甲基硫菌灵、杀线威和唑螨酯，相关研究进展如表 3 - 2。

表 3 - 2　限量标准再评价农药的相关进展

序号	农药中文名	农药英文名	法典农药编号	主要评估内容
1	矮壮素	chlormequat	15	开展了毒理学评估，重新确认了先前制定的 ADI 和 ARfD。开展了残留评估，推荐了其在大麦等植物源农产品、可食用内脏（哺乳动物）等动物源农产品和大麦秸秆等饲料中的 22 项农药最大残留限量
2	丁苯吗啉	fenpropimorph	188	开展了毒理学评估和残留评估，推荐了其在香蕉等植物源农产品、可食用内脏（哺乳动物）等动物源农产品和大麦秸秆等饲料中的 24 项农药最大残留限量
3	多菌灵	carbendazim	72	由于数据不足，未能进行评估
4	甲基硫菌灵	thiophanate-methyl	77	开展了毒理学评估，推荐了 ADI 和 ARfD
5	杀线威	oxamyl	126	开展了毒理学评估，重新确认了先前制定的 ADI 和 ARfD。开展了残留评估，推荐了其在苹果等植物源农产品、可食用内脏（哺乳动物）等动物源农产品和花生饲料中的 28 项农药最大残留限量
6	唑螨酯	fenpyroximate	193	开展了毒理学评估，推荐了新的 ARfD。开展了残留评估，推荐了其在苹果等植物源农产品、可食用内脏（哺乳动物）等动物源农产品和花生饲料中的 40 项农药最大残留限量

三、农药新用途

2017年FAO/WHO农药残留联席会议共评估了23种农药新用途，分别为2,4-滴、苯醚甲环唑、苯嘧磺草胺、吡虫啉、吡唑萘菌胺、丙环唑、丙硫菌唑、啶虫脒、啶氧菌酯、二氯喹啉酸、氟吡呋喃酮、氟吡菌酰胺、氟啶虫酰胺、环氧丙烷、甲氧咪草烟、克菌丹、联氟砜、咪唑烟酸、嘧菌环胺、嘧菌酯、肟菌酯、戊唑醇和乙基多杀菌素，相关研究进展如表3-3。

表3-3　新用途评估农药的相关进展

序号	农药中文名	农药英文名	法典农药编号	主要评估内容
1	2,4-滴	2,4-D	20	开展了残留评估
2	苯醚甲环唑	difenoconazole	224	开展了残留评估，推荐了其在仁果类水果、稻米等植物源农产品和稻秸秆等饲料中的18项农药最大残留限量
3	苯嘧磺草胺	saflufenacil	251	开展了残留评估，推荐了其在芥菜籽和亚麻籽中的2项农药最大残留限量
4	吡虫啉	imidacloprid	206	开展了残留评估
5	吡唑萘菌胺	isopyrazam	249	开展了残留评估，推荐了其在仁果类水果等植物源农产品、肉（来自海洋哺乳动物以外的哺乳动物）等动物源农产品和大麦秸秆等饲料中的25项农药最大残留限量
6	丙环唑	propiconazole	160	开展了残留评估，推荐了其在橙子、柑橘等植物源农产品中的9项农药最大残留限量
7	丙硫菌唑	prothioconazole	232	开展了残留评估，推荐了其在棉籽等植物源农产品、奶等动物源农产品中的9项农药最大残留限量

（续）

序号	农药中文名	农药英文名	法典农药编号	主要评估内容
8	啶虫脒	acetamiprid	246	开展了残留评估
9	啶氧菌酯	picoxystrobin	258	开展了残留评估，推荐了其在大麦等植物源农产品、蛋等动物源农产品和大麦秸秆等饲料上的 30 项农药最大残留限量
10	二氯喹啉酸	quinclorac	287	开展了残留评估，推荐了其在可食用内脏（哺乳动物）等动物源农产品、油菜籽等植物源农产品和稻秸秆饲料中的 13 项农药最大残留限量
11	氟吡呋喃酮	flupyradifurone	285	开展了残留评估，推荐了其在樱桃、李子等植物源农产品中的 4 项农药最大残留限量
12	氟吡菌酰胺	fluopyram	243	新推荐了其在大麦等植物源农产品、可食用内脏（哺乳动物）等动物源农产品和大麦秸秆等饲料中的 63 项农药最大残留限量
13	氟啶虫酰胺	flonicamid	282	开展了残留评估，推荐了其在豆类作物中的 6 项农药最大残留限量
14	环氧丙烷	propylene oxide	250	开展了毒理学评估和残留评估
15	甲氧咪草烟	imazamox	276	开展了残留评估，推荐了其在大麦及其秸秆饲料中的 2 项农药最大残留限量
16	克菌丹	captan	007	开展了残留评估
17	联氟砜	fluensulfone	265	开展了残留评估
18	咪唑烟酸	imazapyr	267	开展了残留评估，推荐了其在大麦及其秸秆饲料中的 2 项农药最大残留限量
19	嘧菌环胺	cyprodinil	207	开展了残留评估，推荐了其在胡萝卜、芹菜等植物源食品中的 8 项农药最大残留限量

（续）

序号	农药中文名	农药英文名	法典农药编号	主要评估内容
20	嘧菌酯	azoxystrobin	229	开展了残留评估，推荐了其在火龙果、甘蔗和菜籽油中的农药最大残留限量
21	肟菌酯	trifloxystrobin	213	开展了残留评估，推荐了其在甘蓝、棉籽等 4 种植物源食品上的农药最大残留限量
22	戊唑醇	tebuconazole	189	新推荐了其在带豆荚的豆类亚组（包括该亚组中的所有商品）和普通菜豆（豆荚和/或未成熟种子）中的 2 项农药最大残留限量
23	乙基多杀菌素	spinetoram	233	开展了残留评估，推荐了其在樱桃等植物源农产品、奶等动物源农产品和稻秸秆等饲料中的 34 项最大残留限量

四、JMPR 对 CCPR 特别关注化合物的回应

2016 年 CCPR 第 48 届会议上，对 JMPR 推荐的 3 种农药限量标准提出了特别关注，2017 年 JMPR 对这些关注做了回应，分别为阿维菌素、啶虫脒和二氯喹啉酸，相关研究进展如表 3 - 4。

表 3 - 4　特别关注化合物的相关研究进展

序号	农药中文名	农药英文名	法典农药编号	主要评估内容
1	阿维菌素	abamectin	177	2017 年 JMPR 收到了一些新的研究成果，但并未影响和改变其先前做出的评估及结果
2	啶虫脒	acetamiprid	246	据 CCPR 委员会要求，啶虫脒被列入毒理学后续评估的议程中，但由于缺乏新的数据未能完成相应评估

（续）

序号	农药中文名	农药英文名	法典农药编号	主要评估内容
3	二氯喹啉酸	quinclorac	287	欧盟认为应重新考虑二氯喹啉酸的残留定义。JMPR 表示当前的残留物定义可以确保消费者的膳食暴露不被低估，重新确定了其于 2015 年制定的残留物定义

五、CCPR 审议结果

氟吡草酮（295）

出于对本国消费者摄入量的担忧，欧盟、挪威和瑞士对拟议的可食用内脏（哺乳动物）MRL 持保留意见。CCPR（简称委员会）同意将推荐的 MRLs 草案推进至第 5/8 步*。

环溴虫酰胺（296）

由于缺乏 GAP 条件下的毒理学研究数据而无法完成消费者风险评估，欧盟、挪威和瑞士对生鲜食品 MRL 草案持保留意见。JMPR 秘书处表示环溴虫酰胺的主要植物代谢物 NK－1375 的毒性低于其母体化合物，并且没有显示出潜在的遗传毒性。部分代表团认为 JMPR 用以估算大多数化合物 MRL 的模型需要被验证，以确保其得到的限量结果是合适的。JMPR 秘书处表示由于数据与 GAP 条件不符，因此之前没有推荐 MRL 标准。JMPR 将模型应用于数据后得到了拟议的 MRL 草案。委员会同意将所有拟议的 MRLs 草案保留在第 4 步，等待 2019 年 JMPR 对新数据和修正的 GAP 条件进行评估。委员会还希望 JMPR 能与相关机构合作，继续对模型进行合理验证。

喹螨醚（297）

由于欧盟制定了不同的毒理学参考值，并且喹螨醚代谢物 TBPE

---

* 食品法典农药残留限量标准的制定通常分为八步，具体参见附录。

的毒性被认为高于其母体，而 JMPR 的报告中没有涉及 TBPE 的残留数据，因此欧盟、挪威和瑞士对樱桃（亚组）和啤酒花（干）上的 MRLs 草案持保留意见。JMPR 秘书处表示其已经对 TBPE 的毒性进行了评估，得到的未观察到有害作用剂量水平（NOA-EL）高于其母体化合物。而欧盟表示已利用一个额外的不确定因子以获得 TBPE 的参考剂量。委员会同意将拟议的 MRLs 草案推进至第 5/8 步。

胺苯吡菌酮（298）

针对欧盟、挪威和瑞士的意见，JMPR 秘书处确认推荐的葡萄 MRL 应为 3 mg/kg，干葡萄 MRL 应为 9 mg/kg。委员会同意将所有拟议的 MRLs 草案推进至第 5/8 步。

三乙膦酸铝（302）

CCPR 同意将所有拟议的限量标准推进至第 5/8 步。

稻瘟灵（299）

委员会同意将所有拟议的 MRLs 草案推进至第 5/8 步。

那他霉素（300）

JMPR 秘书处表示，由于数据不足，2017 年 JMPR 未能制定那他霉素的 ADI 和 ARfD。

亚磷酸（301）

秘书处表示由三乙膦酸铝确定的 ADI 0～0.1 mg/kg bw 虽然是基于三乙膦酸铝的毒理学研究，但也同样适用于亚磷酸。委员会同意修改 ADI 部分的表述以更明确地表达这一建议。推荐的 MRLs 列于三乙膦酸铝条目下。

三氟苯嘧啶（303）

委员会同意将所有拟议的 MRLs 草案推进至第 5/8 步。

多菌灵（72）

由于多菌灵（使用甲基硫菌灵而产生的）毒理学数据不足，委员会获悉 2017 年 JMPR 未能推荐甲基硫菌灵（77）和多菌灵（72）的 MRL。委员会同意待 2022 年 JMPR 对多菌灵毒理学数据进行重新评估，在此之前保留所有食品法典最大残留限量（CXLs）。

矮壮素（15）

委员会同意将所有拟议的 MRLs 草案推进至第 5/8 步，并随后撤销相关的 CXLs。委员会同时同意撤销玉米饲料（干）、油菜籽、油菜籽毛油、黑麦粉和小麦的 CXLs。

丁苯吗啉（188）

由于香蕉中的丁苯吗啉残留对消费者的急性风险问题，欧盟、挪威和瑞士对拟议的香蕉 MRL 草案持保留意见。委员会同意将所有拟议的 MRLs 草案推进至第 5/8 步，并随后撤销相关的 CXLs。

唑螨酯（193）

欧盟、挪威和瑞士对拟议的梨、黄瓜、瓜类（西瓜除外，有待完成评估）MRLs 草案持保留意见，以待其完成对该化合物的评估；由于其草案制定仅基于母体化合物的残留，对辣椒亚组（角胡麻、秋葵和玫瑰茄除外）和咖啡豆的 MRLs 草案提出了保留意见；由于外推政策的不同，对柑橘类水果 MRL 草案提出保留意见；由于动物源食品中的监测残留定义不同，对肉类（哺乳动物，除海洋哺乳动物）、可食用内脏（哺乳动物）、哺乳动物脂肪（乳脂除外）的 MRLs 草案提出了保留意见。委员会同意将拟议的杏、樱桃（亚组）、樱桃番茄、桃、李子（亚组）、西瓜和番茄的 MRLs 草案保留在第 4 步，待 2020 年 JMPR 进行附加毒理学数据的评估。委员会同意将拟议的其他所有的 MRLs 草案推进至第 5/8 步，并随后撤销相关的 CXLs 和仁果类水果的 CXL。

杀线威（126）

由于对欧盟消费者的急性健康风险，欧盟、挪威和瑞士对拟议的黄瓜和西葫芦 MRLs 草案持保留意见。加拿大、德国、乌干达和肯尼亚建议 CCPR 和 JMPR 将角胡麻、秋葵、玫瑰茄并入辣椒（亚组），待 2018 年 JMPR 对收到的更多信息进行评估。根据对作物分组外推的讨论，委员会决定将辣椒（干辣椒）和辣椒亚组（除角胡麻、秋葵、玫瑰茄以外，包括该亚组中的所有商品）的 MRLs 草案保留在 4 步。委员会同意将所有其余拟议的 MRLs 草案推进至第 5/8 步，并随后撤销相关的 CXLs。委员会同意撤销柑橘类水果、棉籽、鸡蛋、花生、花生饲料、禽肉、家禽可食用内脏、果实和浆果香料以及根和根茎香料中的 CXLs。CCPR 进一步同意撤销柑橘类水果（3 mg/kg）、黄瓜（1 mg/kg）、瓜类（西瓜除外）（1 mg/kg）、辣椒（亚组）（1 mg/kg）中的 MRLs。

甲基硫菌灵（77）

由于多菌灵（因使用甲基硫菌灵而产生）的毒理学数据不足，2017 年 JMPR 无法推荐甲基硫菌灵（77）和多菌灵（72）的最大残留限量。CCPR 同意保留所有拟议的 CXLs，等待 2022 年 JMPR 根据所提交的多菌灵毒理学数据重新评估结果。

啶虫脒（246）

由于所提交的残留试验不符合 GAP 条件，2017 年 JMPR 无法推荐啶虫脒在开心果中的最大残留限量，伊朗将提交替代的 GAP 条件以匹配相关残留试验，待 2019 年 JMPR 审议。委员会同意撤销啶虫脒在芥菜中的拟议 MRLs，因为 2017 年 JMPR 未收到任何数据以评估替代的 GAP 条件。

嘧菌酯（229）

委员会同意将所有拟议的 MRLs 草案推进至第 5/8 步。

克菌丹（7）

委员会指出，由于分析结果不可靠，JMPR 无法建立人参的克菌丹最大残留限量。

嘧菌环胺（207）

由于支持采后施用的叶片代谢研究方面的相关性不准确，且采后施用（使用平均残留量＋4 倍标准差）的推荐 MRL 应该可以更加精确，欧盟、挪威、瑞士对拟议的石榴上的 MRL 草案提出了保留意见。JMPR 秘书处表示将在 2018 年 JMPR 会议上重新考虑现有的代谢数据和 MRL 的计算。委员会同意在 2018 年 JMPR 结果出来之前将拟议的石榴 MRL 草案保留在第 4 步。委员会同意将所有其他拟议的 MRLs 草案推进至第 5/8 步，并随后撤销相关的 CXLs。

2，4-滴（20）

针对美国对 2017 年 JMPR 缺乏推荐棉籽 MRL 的关注，JMPR

秘书处做出解释：棉籽中 2,4 -滴和 2,4 -二氯苯酚残留的贮藏稳定性存在问题，大豆贮藏稳定性研究结果无法外推到棉籽。JMPR 秘书处表示其将在 2018 年审议相关事宜。

苯醚甲环唑（224）

由于对苯醚甲环唑残留在核果类水果中的急性和慢性暴露风险的关注，并且缺少在大米中的加工研究数据及不同的制定大米 MRL 的方法，欧盟、挪威和瑞士对拟议的苯醚甲环唑的 MRL 草案持保留意见。JMPR 秘书处表示由于没有数据可推导出糙米的加工系数，2017 年 JMPR 无法建议糙米的 MRL。委员会同意将所有拟议的苯醚甲环唑 MRLs 草案推进至第 5/8 步，并随后撤销相关的 CXLs。

氟啶虫酰胺（282）

由于监测残留定义不同，欧盟、挪威、瑞士对拟议的 MRL 草案提出了保留意见。委员会同意将所有拟议的 MRLs 草案推进至第 5/8 步。

氟吡菌酰胺（243）

由于奶的长期摄入问题、缺乏大米的加工因子以及干豌豆（亚组）的残留试验数量不足，欧盟、挪威和瑞士对这三者拟议的 MRLs 草案持保留意见。JMPR 秘书处表示，可以根据加工因子数据得出糙米和精米的 MRL 推荐值，并同意于 2018 年给出糙米和精米的 MRL 草案。对于干豌豆（亚组），JMPR 结合了 5 个残留试验与 9 个干豆数据集，以得出最大残留限量推荐值。委员会同意撤回目前处于第 4 步的辣椒（干）和辣椒亚组的拟议 MRLs 草案，并将所有其他拟议的 MRLs 草案推进至第 5/8 步，随后撤销相关的 CXLs。

氟吡呋喃酮（285）

由于残留物定义的差别，欧盟、挪威和瑞士对樱桃、桃和李（亚类）的 MRLs 草案持保留意见。委员会同意将所有拟议的 MRLs 草案推进至第 5/8 步。

甲氧咪草烟（276）

委员会注意到欧盟、挪威和瑞士对拟议的大麦 MRL 草案持保留意见，因为欧盟正在对这种化合物进行审查，而且可能会有不同的残留物定义被应用。委员会同意将拟议的大麦和大麦秸秆（干）MRLs 草案推进至第 5/8 步。

咪唑烟酸（267）

委员会注意到欧盟、挪威和瑞士对拟议的大麦 MRL 草案持保留意见，因为残留试验的数量低于欧盟政策的要求，且其残留水平分布不均匀。委员会同意将拟议的大麦和大麦秸秆（干）MRLs 草案推进至第 5/8 步。

吡虫啉（206）

委员会指出，虽然 2017 年 JMPR 对该化合物进行了评估，但未推荐开心果的 MRL，因为没有与 GAP 条件相匹配的试验结果。

吡唑萘菌胺（249）

委员会同意将所有拟议的吡唑萘菌胺 MRLs 草案推进至第 5/8 步，并随后撤销相关的 CXLs。

啶氧菌酯（258）

由于啶氧菌酯毒理学方面的问题，欧盟、挪威和瑞士对拟议的在动植物源生鲜商品上的所有 MRLs 草案持保留意见。针对美国对缺少油籽 MRL 的关注，秘书处表示将于 2018 年关注这一问题。委员会同意将所有拟议的 MRLs 草案推进至第 5/8 步。

丙环唑（160）

由于对某些代谢物的毒理学问题和正在进行的三唑代谢物的评估无法最终确定其对消费者的风险，欧盟、挪威和瑞士对拟议的所有商品的 MRLs 草案提出了保留意见。此外，欧盟、挪威和瑞士提出采后施用（使用平均残留＋4 倍标准差）可能会有更为精确的 MRL 建议，并要求对采后施用进行代谢研究。委员会同意将所有拟议的 MRLs 草案保留在第 4 步，待 2018 年 JMPR 进行重新评估。

环氧丙烷（250）

JMPR 秘书处通知委员会，由于需要对分析方法进行进一步明确，因此未能对树生坚果提出 MRL 建议。

丙硫菌唑（232）

CCPR 同意将所有拟议的 MRLs 草案推进至第 5/8 步，并随后撤销相关的 CXLs。

二氯喹啉酸（287）

欧盟、挪威和瑞士对油菜籽、糙米和动物源食品的 MRLs 草案持保留意见，对于油菜籽是因为残留物定义中未包括毒性更大的甲酯代谢物；对于糙米是因为使用了加工因子以估计总残留量，但不同的商品定义和不充足的数据无法得出可靠的加工因子；对于动物源食品是因为家畜的膳食负担来自油菜籽和稻米中的残留。JMPR 秘书处表示 2017 年 JMPR 审查了监测残留定义，并重新确认了先前的推荐值，对于稻米，使用加工因子的风险较低。然而，由于一些国家已将甲酯代谢物纳入残留物定义中，秘书处同意其将于 2018 年或 2019 年重新审议这一问题。委员会同意将所有拟议的 MRLs 草案推进至第 5/8 步。

苯嘧磺草胺（251）

委员会注意到欧盟、挪威和瑞士对拟议的芥菜籽和亚麻籽 MRLs 草案持保留意见，因为所推行的残留物定义不同。委员会同意将拟议的芥菜籽和亚麻籽 MRLs 推进至第 5/8 步。

乙基多杀菌素（233）

委员会注意到欧盟、挪威和瑞士对拟议的鳄梨 MRL 草案持保留意见，因为与 GAP 条件匹配的试验数量有限，且在 2017 年 JMPR 计算比例因子时存在不确定性。对于牛奶、哺乳动物肉类（除海洋哺乳动物）、食用内脏（哺乳动物）和哺乳动物脂肪（乳脂除外），如结球甘蓝/羽衣甘蓝，不包括在牲畜的膳食负担计算中。对于柿子来说，GAP 条件不同于其他仁果类果实。对于李（亚组），由于纳入了 11 个额外试验而没有匹配正确的 GAP 条件，导致了 MRL 结果较高。秘书处声明其一般性原则是尽可能地利用现有的数据。由于柿子中的残留物少于仁果类果实，JMPR 指出仁果类果实的 MRL 组与柿子的农药使用最严良好农业规范（cGAP）组相适应。根据相关文献，牲畜的膳食负担中羽衣甘蓝对残留物的贡献

并不显著。委员会同意将其他所有拟议的 MRLs 草案推进至第 5/8
步并撤销相关的 CXLs。

戊唑醇（189）

欧盟、挪威、瑞士等基于欧盟正在进行的周期性再评估结果，
对拟议的豆荚类（亚组）MRL 草案提出了保留意见。委员会同意
将拟议的豆荚类亚组 MRL 草案推进至第 5/8 步，撤销菜豆（豆荚
和/或未成熟种子）的 MRL。

肟菌酯（213）

欧盟、挪威和瑞士由于对肟菌酯的评估残留定义不同，对拟议
的肟菌酯结球甘蓝的 MRL 草案持保留意见。委员会同意将拟议的
所有 MRLs 草案推进至第 5/8 步，并随后撤销相关的 CXLs。

第四章 2017 年首次评估农药残留限量标准制定进展

2017 年 FAO/WHO 农药残留联席会议首次评估了共 9 种农药，分别为胺苯吡菌酮、稻瘟灵、氟吡草酮、环溴虫酰胺、喹螨醚、那他霉素、三氟苯嘧啶、三乙膦酸铝和亚磷酸，相关研究结果如下。

一、氟吡草酮（bicyclopyrone，295）

氟吡草酮是一种选择性除草剂，CAS 号：352010 - 68 - 5，作用机理是抑制 4 -羟基苯丙酮酸双氧化酶（HPPD），通过破坏植物叶绿素合成，从而发挥除草作用。氟吡草酮主要用于控制玉米、小麦、大麦和甘蔗中的阔叶杂草和多年生草本植物，已在多个国家登记。美国、加拿大、澳大利亚在 WTO/TBT-SPS 官方评议通报中均涉及过该农药。2016 年 CCPR 第 48 届年会决定将氟吡草酮作为新化合物评估，2017 年 JMPR 开展了毒理学和残留评估。

1. 毒理学评估

在大鼠的致癌性研究中（2 年），基于出现的甲状腺增生得到的观察到有害作用最低剂量水平（LOAEL）为每日 0.28 mg/kg bw*。以此为基础，JMPR 制定的氟吡草酮的 ADI 为 0～0.003 mg/kg bw，安全系数为 100。

JMPR 认为氟吡草酮抑制肝脏酶 HPPD 导致酪氨酸清除受损，

---

* bw 表示以体重计，参考《食品安全国家标准　食品中农药最大残留限量》（GB 2763—2021）。全书同。——编者注

这一作用方式与人类相关。然而,由于人类肝脏的 TAT 酶能够更有效地清除酪氨酸,因此人类对氟吡草酮不如大鼠敏感。在大鼠的研究中(2年)所观察到的甲状腺效应因此被认为与人类风险评估不太相关,且由于物种间的差异,安全系数可能要低于常值 10(动力学和动力因子分别为 4×2.5)。

根据现有数据与资料,人类 TAT 酶的活性至少是大鼠的 3 倍,由此提出物种间毒理动力学差异因子为 $2.5/3 \approx 0.83$。得出的物种间安全系数为 $4 \times 0.83 \approx 3.3$。种内安全系数仍为 10,则安全系数为 33。欲将 LOAEL 转变为未观察到有害作用剂量水平(NOAEL)还需要一个额外的安全系数。仅有轻微的剂量反应引起甲状腺增生,但程度并未加重,且在低剂量时未引起任何其他对甲状腺的影响,如体重变化或伴随肥大。因此,JMPR 认为因子为 3 是合适的,适用于 LOAEL 的总体安全系数应为 $33 \times 3 \approx 100$,由此得出 ADI 为 0.003 mg/kg bw。此 ADI 的上限与雄鼠眼部肿瘤的安全边界约为 10 000。

在犬的毒性研究中(1年),基于最小可能的神经系统影响得出 LOAEL 为 2.5 mg/kg bw,该 ADI 进一步得以证实。基于出现的兔胎儿骨骼变异得到的 NOAEL 为每日 1 mg/kg bw。以此为基础,JMPR 针对育龄妇女制定的氟吡草酮的 ARfD 为 0.01 mg/kg bw,安全系数为 100。鉴于氟吡草酮的较低急性经口毒性及单一剂量下未引起其他毒理学影响,JMPR 认为没有必要制定氟吡草酮在其他人群中的 ARfD。

JMPR 认为此 ADI 和 ARfD 可适用于所有与 SYN503780 和 CSCD686480 结构相关的代谢物,以氟吡草酮表示。

氟吡草酮相关毒理学数据见表 4-1-1。

表 4-1-1 氟吡草酮毒理学风险评估数据

物种	试验项目	效应	NOAEL/mg/(kg·d)(以体重计)	LOAEL/mg/(kg·d)(以体重计)
小鼠	80 周致癌性研究[a]	毒性	233	940
		致癌性	940[b]	—

（续）

物种	试验项目	效应	NOAEL/mg/（kg·d）（以体重计）	LOAEL/mg/（kg·d）（以体重计）
大鼠	2 年毒性和致癌性研究[a]	毒性	—	0.28[c]
		致癌性	0.28	28.4
	两代生殖毒性研究[a,d]	生殖毒性	377[b]	—
		亲本毒性	—	1.9[c]
		后代毒性	1.9	38.4
	发育毒性研究[d,e]	母体毒性	—	100[c]
		胚胎和胎儿毒性	—	100[c]
兔	发育毒性研究[d,e]	母体毒性	50	200
		胚胎和胎儿毒性	1	10
犬	1 年毒性研究[f]	毒性	—	2.5[c]

[a]膳食给药；[b]最大试验剂量；[c]最小试验剂量；[d]两项及多项试验结合；[e]灌胃给药；[f]胶囊给药。

2. 残留物定义

氟吡草酮在动物源、植物源食品中的监测与评估残留定义均为氟吡草酮及代谢物 2-(2-甲氧基乙氧基甲基)-6-(三氟甲基) 吡啶-3-甲酸、2-(2-羟基乙氧基甲基)-6-(三氟甲基) 吡啶-3-羧酸之和，以氟吡草酮表示。

3. 标准制定进展

JMPR 共推荐了氟吡草酮在大麦、可食用内脏（哺乳动物）等动植物源食品中的 17 项农药最大残留限量。该农药在我国尚未登记。我国制定了该农药 6 项残留限量标准。

氟吡草酮限量标准及登记情况见表 4-1-2。

表 4－1－2　氟吡草酮相关限量标准及登记情况

序号	食品类别/名称		JMPR 推荐残留限量标准/mg/kg	GB 2763—2021 残留限量标准/mg/kg	我国登记情况
1	甜玉米（谷粒和玉米棒，去苞叶）	Sweet corn (corn on the cob) (kernels plus cob with husk removed)	0.03	无	无
2	大麦	Barley	0.04	0.04**	无
3	玉米	Maize	0.02*	0.02**	无
4	小麦	Wheat	0.04	0.04**	无
5	甘蔗	Sugar cane	0.02*	0.02**	无
6	可食用内脏（哺乳动物）	Edible offal (mammalian)	3	无	无
7	奶	Milks	0.02*	无	无
8	哺乳动物脂肪（乳脂除外）	Mammalian fats (except milk fats)	0.02*	无	无
9	肉（来自海洋哺乳动物以外的哺乳动物）	Meat (from mammals other than marine mammals)	0.02*	无	无
10	小麦麸	Wheat, bran processed	0.1	无	无
11	小麦胚芽	Wheat, germ	0.06	0.06**	无
12	大麦麸	Barley bran, processed	0.1	无	无
13	大麦秸秆（干）	Barley straw and fodder (dry)	0.8 (dw)	无	无
14	玉米饲料（干）	Maize fodder (dry)	0.5	无	无
15	小麦秸秆（干）	Wheat straw and fodder (dry)	0.8 (dw)	无	无
16	小麦干草	Wheat hay	0.8 (dw)	无	无
17	大麦干草	Barley hay	0.8 (dw)	无	无

*方法定量限；dw：以干重计；**临时限量。

CCPR 讨论情况：

出于对本国消费者摄入量的担忧，欧盟、挪威和瑞士对拟议的可食用内脏（哺乳动物）MRL 持保留意见。委员会同意将推荐的MRLs 草案推进至第 5/8 步。

4. 膳食摄入风险评估结果

（1）长期膳食暴露评估：氟吡草酮的 ADI 为 0～0.003 mg/kg bw。JMPR 根据 STMRs 和现有的食品消费数据评估了氟吡草酮在17 簇 GEMS/食品膳食消费类别的国际估算短期摄入量（IESTIs）。国际估算每日摄入量（IEDI）在最大允许摄入量的 3%～20%之间。基于本次评估的氟吡草酮使用范围，JMPR 认为其残留长期膳食暴露不大可能引起公共健康关注。

（2）急性膳食暴露评估：对于育龄妇女，氟吡草酮的 ARfD 为0.01 mg/kg bw。IESTIs 在 ARfD 的 0～100%之间。基于本次评估的氟吡草酮使用范围，JMPR 认为其残留急性膳食暴露不大可能引起公共健康关注。

二、环溴虫酰胺（cyclaniliprole，296）

环溴虫酰胺，CAS 号：1031756 - 98 - 5，是一种具有双酰胺结构的化合物，但并不作用于鱼尼丁受体，而是作用于鱼尼丁受体变构体的新型杀虫剂，主要用于控制果树、蔬菜、马铃薯、茶树、大豆和棉花等多种作物中的鳞翅目、鞘翅目、缨翅目、双翅目和同翅目害虫，并已在多个国家登记。加拿大、澳大利亚在 WTO/TBT-SPS 官方评议通报中均涉及过该农药。2017 年 JMPR 首次对其进行了毒理学和残留评估。

1. 毒理学评估

JMPR 根据犬 13 周和一年的毒理学研究结果，包括碱性磷酸酶活性增高、白蛋白减少和肝脏重量增加等现象，得到的 NOAEL为每日 4.07 mg/kg bw，制定了环溴虫酰胺的 ADI 为 0～0.04 mg/kg bw，安全系数为 100。此 ADI 应用于环溴虫酰胺母体和脱氯代谢物 NK‐1375，以环溴虫酰胺表示。

鉴于环溴虫酰胺急性毒性较低，同时不存在任何单一剂量引起的其他毒理学效应，JMPR 认为，没有必要建立环溴虫酰胺的ARfD。环溴虫酰胺相关毒理学数据见表 4‐2‐1。

表 4‐2‐1　环溴虫酰胺毒理学风险评估数据

物种	试验项目	效应	NOAEL/mg/(kg·d)(以体重计)	LOAEL/mg/(kg·d)(以体重计)
小鼠	13 周毒性研究[a]	毒性	1 023[b]	—
	2 年毒性和致癌性研究[a]	毒性	884[b]	—
		致癌性	884[b]	—
大鼠	急性神经毒性研究[c]	毒性	2 000[b]	
	28 天毒性和免疫毒性研究[a]	毒性，免疫毒性	1 352[b]	
	13 周神经毒性研究[a,d]	毒性，神经毒性	1 085[d]	
	1 年毒性研究[a]	毒性	955[b]	
	两年毒性和致癌性研究[a]	毒性	249	834
		致癌性	834[b]	
	两代生殖毒性研究[a]	生殖毒性	1 683[b]	
		亲本毒性	1 683[b]	
		后代毒性	1 683	
	发育毒性研究[c]	母体毒性	1 000[b]	
		胚胎和胎儿毒性	1 000[b]	
兔	发育毒性研究[c]	母体毒性	1 000[b]	80
		胚胎和胎儿毒性	1 000[b]	
犬	13 周和一年毒性研究[a,d]	毒性	4.07	26.8

[a] 膳食给药；[b] 最大试验剂量；[c] 灌胃给药；[d] 两项或两项以上研究结合。

2. 残留物定义

环溴虫酰胺在动物源、植物源食品中的监测残留定义均为环溴虫酰胺。

环溴虫酰胺在动物源食品中的评估残留定义为环溴虫酰胺。

环溴虫酰胺在植物源食品中的评估残留定义为环溴虫酰胺及代谢物 NK-1375 之和，以环溴虫酰胺表示。其中以环溴虫酰胺等价表示 NK-1375 的分子量转换因子为 1.064。

3. 标准制定进展

JMPR 共推荐了环溴虫酰胺在樱桃、可食用内脏（哺乳动物）等动植物源食品中的 23 项农药最大残留限量。该农药在我国尚未登记，且未制定相关残留限量标准。

环溴虫酰胺限量标准及登记情况见表 4-2-2。

表 4-2-2 环溴虫酰胺限量标准及登记情况

序号	食品类别/名称		JMPR 推荐残留限量标准/mg/kg	GB 2763—2021残留限量标准/mg/kg	我国登记情况
1	樱桃亚组	Subgroup of cherries (includes all commodities in this subgroup)	0.9	无	无
2	樱桃番茄	Cherry tomato	0.1	无	无
3	黄瓜和西葫芦亚组	Subgroup of cucumbers and summer squashes (includes all commodities in this subgroup)	0.06	无	无
4	干制番茄	Tomato, dried	0.4	无	无
5	可食用内脏（哺乳动物）	Edible offal (mammalian)	0.01*	无	无
6	茄子亚组	Subgroup of eggplants (includes all commodities in this subgroup)	0.1	无	无

（续）

序号	食品类别/名称		JMPR 推荐残留限量标准/mg/kg	GB 2763—2021 残留限量标准/mg/kg	我国登记情况
7	头状花序芸薹属亚组	Subgroup of flowerhead brassicas (includes all commodities in this subgroup)	1	无	无
8	结球芸薹属亚组	Subgroup of head brassicas (includes all commodities in this subgroup)	0.7	无	无
9	十字花科芸薹属叶菜亚组	Subgroup of leaves of brassicaceae *Brassica* spp. (includes all commodities in this subgroup)	15	无	无
10	肉（来自海洋哺乳动物以外的哺乳动物）	Meat (from mammals other than marine mammals)	0.01* (fat)	无	无
11	瓜类、南瓜和冬笋的亚组	Subgroup of melons, pumpkins and winter squashes (includes all commodities in this group)	0.15	无	无
12	哺乳动物脂肪（乳脂除外）	Mammalian fats (except milk fats)	0.01*	无	无
13	奶	Milks	0.01*	无	无
14	乳脂	Milk fats	0.01*	无	无

（续）

序号	食品类别/名称		JMPR 推荐残留限量标准/mg/kg	GB 2763—2021残留限量标准/mg/kg	我国登记情况
15	桃类亚组（包括杏和油桃）	Subgroup of peaches (including apricots and nectarines) (includes all commodities in this subgroup)	0.3	无	无
16	辣椒亚组（角胡麻、秋葵和玫瑰茄除外）	Subgroup of peppers (except martynia, okra and roselle)	0.2	无	无
17	辣椒（干）	Peppers, Chili, dried	2	无	无
18	仁果类水果	Group of pome fruits (includes all commodities in this group)	0.3	无	无
19	李亚组	Subgroup of plums (includes all commodities in this subgroup)	0.2	无	无
20	西梅干	Prunes, dried	0.8	无	无
21	葡萄	Grapes	0.8	无	无
22	番茄	Tomato	0.1	无	无
23	谷物秸秆（干）	Straw and fodder, dry of cereal grains	0.45 (dw)	无	无

* 方法定量限；dw：以干重计；fat：溶于脂肪。

CCPR 讨论情况:

由于缺乏 GAP 条件下的毒理学研究数据而无法完成消费者风险评估,欧盟、挪威和瑞士对生鲜食品 MRL 草案持保留意见。JMPR 秘书处表示环溴虫酰胺的主要植物代谢物 NK-1375 的毒性低于其母体化合物,并且没有显示出潜在的遗传毒性。部分代表团认为 JMPR 用以估算大多数化合物 MRL 的模型需要被验证,以确保其得到的限量结果是合适的。秘书处表示由于数据与 GAP 条件不符,因此之前没有推荐 MRL 标准。JMPR 将模型应用于数据后得到了拟议的 MRL 草案。委员会同意将所有拟议的 MRLs 草案保留在第 4 步,等待 2019 年 JMPR 对新数据和修正的 GAP 条件进行评估。委员会还希望 JMPR 能与相关机构合作,继续对模型进行合理验证。

4. 膳食摄入风险评估结果

(1)长期膳食暴露评估:环溴虫酰胺的 ADI 为 0~0.04 mg/kg bw。JMPR 根据 STMR 或 STMR-P 评估了 17 簇 GEMS/食品膳食消费类别的 IEDIs。IEDIs 占最大允许摄入量的 0~7%。基于本次评估的环溴虫酰胺的使用范围,JMPR 认为其残留长期膳食暴露不大可能引起公共健康关注。

(2)急性膳食暴露评估:2017 年 JMPR 认为没有必要制定环溴虫酰胺的 ARfD。基于本次评估的环溴虫酰胺的使用范围,JMPR 认为其残留急性膳食暴露不大可能引起公共健康关注。

三、喹螨醚 (fenazaquin,297)

喹螨醚,CAS 号:120928-09-8,是一种通过抑制线粒体电子传递链,抑制螨类呼吸代谢作用的杀螨剂。喹螨醚作为一种广谱杀螨剂,对葡萄、梨、柑橘、桃、葫芦、番茄、棉花和观赏植物中的螨类具有触杀和杀卵活性,并已在中国等多个国家登记。2017 年,JMPR 首次对其进行了毒理学和残留评估。

1. 毒理学评估

在一项大鼠慢性毒性和致癌性研究中,基于每日 9.2 mg/kg bw

剂量下降低雄性大鼠体重增长，得到的 NOAEL 为每日 4.5 mg/kg bw，以此为基础，JMPR 制定了喹螨醚的 ADI 为 0～0.05 mg/kg bw，安全系数为 100。此 ADI 得到了犬口服毒性研究的整体 NOAEL 和大鼠两代生殖毒性研究的 NOAEL 的支持。

在另一项仓鼠 18 周毒性和致癌性研究中，基于每日 15 mg/kg bw 剂量下降低雄性仓鼠体重增长，得到了最低 NOAEL 为每日 2 mg/kg bw。但是 JMPR 注意到，数据库中较低的 LOAEL 9.2 mg/kg bw 是由长期的大鼠毒理学研究得出的，而大鼠是对喹螨醚毒性最敏感的物种，因此，JMPR 认为，对大鼠的长期研究更适合研究喹螨醚的 ADI。

在一项大鼠发育毒性研究中，基于每天 40 mg/kg bw 剂量下降低大鼠体重增长，得到的 NOAEL 为每日 10 mg/kg bw，以此为基础，JMPR 制定了喹螨醚的 ArfD 为 0.1 mg/kg bw，安全系数为 100。

喹螨醚相关毒理学数据见表 4-3-1。

表 4-3-1　喹螨醚毒理学风险评估数据

物种	试验项目	效应	NOAEL/mg/(kg·d)(以体重计)	LOAEL/mg/(kg·d)(以体重计)
仓鼠	18 个月毒性和致癌性研究[a]	毒性	2	15
		致癌性	30[b]（仅雄性）	—
大鼠	两年毒性和致癌性研究[c]	毒性	4.5	9.2
		致癌性	18.3[b]	—
	两代生殖毒性研究[a]	生殖毒性	25[b]	—
		亲本毒性	5	25
		后代毒性	25[b]	—
	发育毒性研究[a]	母体毒性	10	40
		胚胎和胎儿毒性	40[b]	—
	急性神经毒性研究	神经毒性	120[b]	

（续）

物种	试验项目	效应	NOAEL/mg/ (kg·d) （以体重计）	LOAEL/mg/ (kg·d) （以体重计）
兔	发育毒性研究[a]	母体毒性	13	60
		胚胎和胎儿毒性	60[b]	—
犬	90 d 和 1 年毒性研究[c,d]	毒性	5	12

[a] 膳食给药；[b] 最大试验剂量；[c] 灌胃给药；[d] 两项或两项以上研究结合。

2. 残留物定义

喹螨醚在植物源食品中的监测与评估残留定义为喹螨醚。

喹螨醚在动物源食品中的监测与评估残留定义为喹螨醚及代谢物 2-羟基-喹螨醚酸之和，以喹螨醚表示。

3. 标准制定进展

JMPR 共推荐了喹螨醚在樱桃亚组、啤酒花上的 2 项农药最大残留量。该农药在我国登记作物包括茶、苹果共计 2 种作物，目前我国已制定该农药在茶叶、樱桃、啤酒花及苹果上的 4 项残留限量标准。

喹螨醚限量标准及登记情况见表 4-3-2。

表 4-3-2　喹螨醚限量标准及登记情况

序号	食品类别/名称		JMPR 推荐残留限量标准/ mg/kg	GB 2763—2021 残留限量标准/ mg/kg	我国登记情况
1	樱桃亚组	Subgroup of cherries （includes all commodities in this subgroup)	2	2	无
2	啤酒花（干）	Hops (dry)	30	30	无

CCPR 讨论情况：

由于欧盟制定了不同的毒理学参考值，并且喹螨醚代谢物 TB-

PE 的毒性被认为高于其母体，而 JMPR 的报告中没有涉及 TBPE 的残留数据，因此欧盟、挪威和瑞士对樱桃亚组和啤酒花（干）上的 MRLs 草案持保留意见。JMPR 秘书处表示其已经对 TBPE 的毒性进行了评估，得到的 NOAEL 高于其母体化合物。而欧盟表示已利用一个额外的不确定因子以获得 TBPE 的参考剂量。委员会同意将拟议的 MRLs 草案推进至第 5/8 步。

喹螨醚在我国已登记于茶和苹果两种作物，JMPR 此次已推荐喹螨醚在樱桃（包括该亚组中的所有商品）和干啤酒花上共 2 项限量标准，与我国制定的两种作物上的限量标准一致，同时，JMPR 推荐的 ADI、残留定义与我国一致。

4. 膳食摄入风险评估结果

（1）长期膳食暴露评估：喹螨醚的 ADI 为 0～0.05 mg/kg bw。JMPR 根据 STMR 或 STMR-P 评估了 17 簇 GEMS/食品膳食消费类别的 IEDIs。IEDIs 占最大允许摄入量的 0～0.2%。基于本次评估的喹螨醚的使用范围，JMPR 认为其残留长期膳食暴露不大可能引起公共健康关注。

（2）急性膳食暴露评估：喹螨醚的 ARfD 是 0.1 mg/kg bw。JMPR 根据本次评估的 HRs/HR-Ps 或者 STMRs/STMR-Ps 数据和现有的食品消费数据，计算了 IESTIs。IESTIs 占 ARfD 的 0～10%。基于本次评估的喹螨醚使用范围，JMPR 认为其残留急性膳食暴露不大可能引起公共健康关注。

四、胺苯吡菌酮（fenpyrazamine，298）

胺苯吡菌酮是一种吡唑杂环类新型杀菌剂，CAS 号：473798-59-3，作用机理是通过抑制麦角甾醇生物合成途径中的 3-酮还原酶，从而实现抑制病菌胚芽管和菌丝体伸长。胺苯吡菌酮可用于防治灰霉菌（灰霉病）以及念珠菌（果实腐烂病和褐腐病），并已在多个国家登记。加拿大、韩国在 WTO/TBT-SPS 官方评议通报中均涉及过该农药。在 2015 年 CCPR 第 47 届会议上胺苯吡

菌酮被列入 *Codex* 优先列表，2017 年 JMPR 首次进行了毒理学和残留评估。

1. 毒理学评估

在犬的研究中，基于每日剂量 50 mg/kg bw 出现体重减轻得到的 NOAEL 为每日 25 mg/kg bw。以此为基础，JMPR 制定的胺苯吡菌酮的 ADI 为 0～0.3 mg/kg bw，安全系数为 100。

在大鼠急性神经毒性研究中，基于剂量 400 mg/kg bw 出现运动活力降低得到的 NOAEL 为 80 mg/kg bw。以此为基础，JMPR 制定的胺苯吡菌酮的 ARfD 为 0.8 mg/kg bw，安全系数为 100。

参考剂量也包括代谢物 S-2188-DC。

胺苯吡菌酮相关的毒理学数据见表 4-4-1。

表 4-4-1　胺苯吡菌酮毒理学风险评估数据

物种	试验项目	效应	NOAEL/mg/ (kg·d) (以体重计)	LOAEL/mg/ (kg·d) (以体重计)
小鼠	18 个月毒性和致癌性研究[a]	毒性	176	349
		致癌性	11	176[b]
	免疫毒性研究[a]	免疫毒性	392[c]	—
大鼠	急性神经毒性研究[d]	毒性	80	400
		神经毒性	400[e]	—
	亚慢性神经毒性研究[a]	毒性	88	224
		神经毒性	224[c]	—
	2 年毒性和致癌性研究[a]	毒性	52	107[b]
		致癌性	52	107[b]
	两代生殖毒性研究[a]	生殖毒性	69[c]	237
		亲本毒性	27	80
		后代毒性	32	80
	发育毒性研究[d]	母体毒性	30	125
		胚胎和胎儿毒性	125	500

（续）

物种	试验项目	效应	NOAEL/mg/（kg·d）（以体重计）	LOAEL/mg/（kg·d）（以体重计）
兔	发育毒性研究[d]	母体毒性	30	50
		胚胎和胎儿毒性	30	50
犬	13周和1年毒性研究[e,f]	毒性	25	50

[a] 膳食给药；[b] 不适用人体毒性；[c] 最大试验剂量；[d] 灌胃给药；[e] 两项及多项试验结合；[f] 胶囊给药。

2. 残留物定义

胺苯吡菌酮在植物源食品中的监测残留定义为胺苯吡菌酮。

胺苯吡菌酮在植物源食品中的评估残留定义及在动物源食品中的监测与评估残留定义均为胺苯吡菌酮及代谢物 S-2188-DC 之和，以胺苯吡菌酮表示。

3. 标准制定进展

JMPR 共推荐了胺苯吡菌酮在樱桃亚组、哺乳动物脂肪（乳脂除外）等动植物源食品中的 21 项农药最大残留限量。该农药在我国尚未登记，我国已制定了该农药 21 项残留限量标准。

胺苯吡菌酮限量标准及登记情况见表 4-4-2。

表 4-4-2 胺苯吡菌酮限量标准及登记情况

序号	食品类别/名称		JMPR 推荐残留限量标准/mg/kg	GB 2763—2021 残留限量标准/mg/kg	我国登记情况
1	樱桃亚组	Subgroup of cherries (includes all commodities in this subgroup)	3	3** (樱桃)	无

（续）

序号	食品类别/名称		JMPR 推荐残留限量标准/mg/kg	GB 2763—2021残留限量标准/mg/kg	我国登记情况
2	李亚组	Subgroup of plums（includes all commodities in this subgroup)	2	2** （李）	无
3	桃亚组	Subgroup of peaches （includes all commodities in this subgroup)	4	4** （桃、油桃）	无
4	藤蔓浆果亚组	Subgroup of cane berries （includes all commodities in this subgroup)	5	5** （黑莓）	无
5	灌木浆果亚组	Subgroup of bush berries （includes all commodities in this subgroup)	4	4** （蓝莓）	无
6	葡萄	Grapes	4	4**	无
7	干制葡萄	Dried grapes	12	12**	无
8	草莓	Strawberry	3	3**	无
9	黄瓜	Cucumber	0.7	0.7**	无
10	甜椒	Peppers, sweet (including pimento or pimiento)	3	3** （甜椒）	无

（续）

序号	食品类别/名称		JMPR 推荐残留限量标准/mg/kg	GB 2763—2021 残留限量标准/mg/kg	我国登记情况
11	番茄	Tomato	3	3**	无
12	樱桃番茄	Cherry tomato	3	3**	无
13	茄子亚组	Subgroup of eggplants（includes all commodities in this subgroup）	3	3**	无
14	结球莴苣	Lettuce，head	1.5	1.5**	无
15	叶用莴苣	Lettuce，leaf	1.5	1.5**	无
16	人参	Ginseng	0.7	0.7**	无
17	杏仁	Almond	0.01*	无	无
18	哺乳动物脂肪（乳脂除外）	Mammalian fats（except milk fats）	0.02*	无	无
19	肉（来自海洋哺乳动物以外的哺乳动物）	Meat（from mammals other than marine mammals）	0.02*	无	无
20	牛奶	Milks	0.01*	无	无
21	可食用内脏（哺乳动物）	Edible offal（mammalian）	0.05	无	无

* 方法定量限；** 临时限量。

CCPR 讨论情况：

针对欧盟、挪威和瑞士的意见，JMPR 秘书处确认推荐的葡萄 MRL 应为 3 mg/kg，干制葡萄 MRL 应为 9 mg/kg。委员会同意将所有拟议的 MRLs 草案推进至第 5/8 步。

4. 膳食摄入风险评估结果

（1）长期膳食暴露评估：胺苯吡菌酮的 ADI 为 0～0.3 mg/kg

bw。JMPR 根据 STMR 评估了胺苯吡菌酮在 17 簇 GEMS/食品膳食消费类别的 IESTIs。IESTIs 在最大允许摄入量的 0～2％之间。基于本次评估的胺苯吡菌酮使用范围，JMPR 认为其残留长期膳食暴露不大可能引起公共健康关注。

（2）急性膳食暴露评估：胺苯吡菌酮的 ARfD 为 0.8 mg/kg bw。JMPR 根据 STMRs/STMR-Ps 值评估了胺苯吡菌酮的 IESTI。对于普通人群和儿童，IESTIs 分别在 ARfD 的 0～40％和 0～30％之间。基于本次评估的胺苯吡菌酮使用范围，JMPR 认为其残留急性膳食暴露不大可能引起公共健康关注。

五、三乙膦酸铝（fosetyl-Aluminium，302）

三乙膦酸铝是一种广谱性杀菌剂，CAS 号：39148 - 24 - 8，作用机理是通过抑制芽孢的萌发并阻断菌丝体的发育，阻断目标病原对复杂分子及特定酶的合成途径。三乙膦酸铝对多种水果、蔬菜和观赏作物中的致病菌均有良好的防治效果，已在中国等多个国家登记。2016 年 CCPR 第 48 届年会决定将三乙膦酸铝作为新化合物评估，2017 年 JMPR 开展了毒理学和残留评估。

1. 毒理学评估

在兔的发育毒性研究中，基于出现母体和胚胎/胎儿毒性得到的 NOAEL 为每日 100 mg/kg bw。以此为基础，JMPR 制定的三乙膦酸铝的 ADI 为 0～1 mg/kg bw，安全系数为 100。

鉴于三乙膦酸铝的较低急性经口毒性及单一剂量下未引起胚胎/胎儿毒性及其他毒理学影响，JMPR 认为没有必要制定三乙膦酸铝的 ARfD。在大鼠发育研究中 NOAEL 为每日 1 000 mg/kg bw（高于 JMPR 在制定 ARfD 时采用的触发水平），剂量为每日 4 000 mg/kg bw 时出现畸形增加。在兔的发育研究中，初始剂量处理时未发现影响，对胎儿（输尿管扩张）的影响被认为与单次剂量无关。

亚磷酸是三乙膦酸铝的主要代谢物，在毒理学上与母体相似，因此认为三乙膦酸铝的 ADI 也包括亚磷酸。

三乙膦酸铝相关的毒理学数据见表4-5-1。

表4-5-1 三乙膦酸铝毒理学风险评估数据

物种	试验项目	效应	NOAEL/mg/（kg·d）（以体重计）	LOAEL/mg/（kg·d）（以体重计）
小鼠	2年毒性和致癌性研究[a]	毒性	3 960[b]	—
		致癌性	3 960[b]	—
大鼠	2年毒性和致癌性研究[a]	毒性	348	1 370
		致癌性	348	1 370
	三代生殖毒性研究[a]	生殖毒性	1 960[b]	—
		亲本毒性	482	954
		后代毒性	482	954
	发育毒性研究[c]	母体毒性	1 000	4 000
		胚胎和胎儿毒性	1 000	4 000
兔	发育毒性研究[a]	母体毒性	100	300
		胚胎和胎儿毒性	100	300
犬	3个月毒性研究[a]	毒性	1 310[b]	—
	2年毒性研究[a]	毒性	309	609

[a] 膳食给药；[b] 最大试验剂量；[c] 灌胃给药。

2. 残留物定义

三乙膦酸铝在植物源食品中的监测与评估残留定义均为乙基膦酸、亚磷酸及其盐之和，以亚磷酸表示。

三乙膦酸铝在动物源食品中的监测与评估残留定义均为亚磷酸。

3. 标准制定进展

JMPR共推荐了三乙膦酸铝在鳄梨、可食用内脏（哺乳动物）等动植物源食品中的20项农药最大残留限量。该农药在我国登记范围包括白菜、大白菜、番茄、胡椒、黄瓜、辣椒、梨树、荔枝、马铃薯、棉花、苹果、苹果树、葡萄、十字花科蔬菜、蔬菜、水稻、甜菜、橡胶、橡胶树、烟草、莴笋共计 21 种（类）作物。我国制定了该农药 4 项残留限量标准。

三乙膦酸铝限量标准及登记情况见表 4-5-2。

表 4-5-2　三乙膦酸铝限量标准及登记情况

序号	食品类别/名称		JMPR 推荐残留限量标准/mg/kg	GB 2763—2021 残留限量标准/mg/kg	我国登记情况
1	鳄梨	Avocado	20	无	无
2	黄瓜	Cucumber	60	30**	蔬菜
3	可食用内脏（哺乳动物）	Edible offal（mammalian）	0.5	无	无
4	葡萄	Grapes	60	10**	葡萄
5	仁果类水果	Group of pome fruits（includes all commodities in this group）	50	30**（苹果）	苹果
6	啤酒花（干）	Hops（dry）	1 500	无	无
7	结球莴苣	Lettuce, head	200	无	蔬菜
8	叶用莴苣	Lettuce, leaf	40	无	蔬菜
9	哺乳动物脂肪（乳脂除外）	Mammalian fats（except milk fats）	0.2	无	无
10	肉（来自海洋哺乳动物以外的哺乳动物）	Meat（from mammals other than marine mammals）	0.15	无	无
11	瓜类（西瓜除外）	Melon（except water melon）	60	无	无
12	牛奶	Milks	0.1	无	无
13	甜椒	Peppers, sweet（including pimento or pimiento）	7	无	蔬菜

（续）

序号	食品类别/名称		JMPR 推荐残留限量标准/ mg/kg	GB 2763—2021 残留限量标准/ mg/kg	我国登记情况
14	菠菜	Spinach	20	无	蔬菜
15	草莓	Strawberries	70	无	无
16	柑橘亚组	Subgroup of mandarins（includes all commodities in this subgroup）	50	无	无
17	橙子亚组，甜，酸	Subgroup of oranges，sweet，sour（includes all commodities in this subgroup）	20	无	无
18	西葫芦	Summer squash	70	无	蔬菜
19	番茄	Tomato	8	无	蔬菜
20	树生坚果	Tree nuts（includes all commodities in this group）	400	无	无

**临时限量。

CCPR 讨论情况：

CCPR 同意将所有拟议的限量标准推荐到 5/8 步。

目前我国已登记作物中，已制定的 MRL 均严于 JMPR 推荐限量，具体包括 3 项：黄瓜 30 mg/kg 严于 JMPR 推荐黄瓜 60 mg/kg，苹果 30 mg/kg 严于 JMPR 推荐仁果组 50 mg/kg，葡萄 10 mg/kg 严于 JMPR 推荐葡萄 60 mg/kg。三乙膦酸铝在我国已登记于蔬菜，且 JMPR 此次已推荐三乙膦酸铝在叶用莴苣、结球莴苣、甜椒、菠菜、西葫芦、番茄共 6 种蔬菜中的 MRL，为我国制定相关限量标准提供了参考。

4. 膳食摄入风险评估结果

（1）长期膳食暴露评估：三乙膦酸铝的 ADI 为 0～1 mg/kg bw，该值也适用于亚磷酸。JMPR 根据 STMRs 评估了三乙膦酸铝、乙基膦酸和亚磷酸在 17 簇 GEMS/食品膳食消费类别中的 IEDIs。IEDIs 在最大允许摄入量的 1％～30％之间。基于本次评估的三乙膦酸铝使用范围，JMPR 认为其残留长期膳食暴露不大可能引起公共健康关注。

（2）急性膳食暴露评估：2017 年 JMPR 决定没有必要制定其 ARfD。基于本次评估的三乙膦酸铝使用范围，JMPR 认为其残留急性膳食暴露不大可能引起公共健康关注。

六、稻瘟灵 （isoprothiolane，299）

稻瘟灵是一种通过抑制甲基转移酶的活性，从而抑制磷脂酰胆碱合成前的转甲基作用，影响磷脂类生物合成的常用杀菌剂，CAS 号：50512 - 35 - 1。稻瘟灵作为一种常用杀菌剂，可用于控制水稻稻瘟病、水稻茎腐病和水稻镰刀菌叶斑病。叶面喷施的稻瘟灵产品已在中国、日本等多个国家完成登记。2017 年 JMPR 对其进行毒理学和残留评估。2017 年 JMPR 评估了日本提交的水稻残留试验数据及企业提交的代谢、分析方法、田间试验、加工因子、贮藏稳定性及饲喂试验的相关研究结果。

1. 毒理学评估

在大鼠毒性和致癌性研究（2 年）中，基于每日 115 mg/kg bw 剂量下雌性血液尿素中氮的增加以及两性肝脏和肾脏的相对重量的增加，得出的 NOAEL 为每日 10.9 mg/kg bw，以此为基础，JMPR 制定了稻瘟灵的 ADI 为 0～0.1 mg/kg bw。在大鼠口服研究中（90 d）得出的 NOAEL 较低，为每日 3.4 mg/kg bw，但本研究中的 LOAEL 是基于边际效应的。因此，JMPR 得出结论，毒性/致癌性联合研究（2 年）中得出的 NOAEL 是建立 ADI 的更合适的基础。这一 ADI 被犬的毒性研究（52 周）得出的每日 10 mg/kg bw 的 NOAEL 所支持，安全系数为 100。

由于稻瘟灵的经口急性毒性较低，而且缺乏任何由单一剂量引起的其他毒理学研究结果（包括发育毒理学研究），JMPR 认为没有必要为其建立 ARfD。

稻瘟灵相关的毒理学数据见表 4-6-1。

表 4-6-1　稻瘟灵毒理学风险评估数据

物种	试验项目	效应	NOAEL/mg/（kg·d）（以体重计）	LOAEL/mg/（kg·d）（以体重计）
小鼠	18 个月毒性和致癌性研究[a]	毒性	95.6	501
		致癌性	501	—
大鼠	90 d 毒性研究[a]	毒性	3.4	20.9
	2 年毒性和致癌性研究[a]	毒性	10.9	115
		致癌性	10.9（良性肿瘤）	115
	两代生殖毒性研究[a]	生殖毒性	196[b]	—
		亲本毒性	19.7	196
		后代毒性	22.3	235
	三代生殖毒性研究[a]	生殖毒性	200[b]	—
		亲本毒性	20	200
		后代毒性	20	200
	发育毒性研究[c]	母体毒性	50	200
		胚胎和胎儿毒性	12	50
兔	发育毒性研究[c]	母体毒性	80	400
		胚胎和胎儿毒性	400[b]	—
犬	52 周毒性研究[d]	毒性	10	50[b]

[a] 膳食给药；[b] 最大试验剂量；[c] 灌胃给药；[d] 胶囊给药。

2. 残留物定义

稻瘟灵在植物源食品中的监测残留定义及其在水稻中的评估残留定义均为稻瘟灵。

稻瘟灵在除水稻以外的植物源食品中的评估残留定义为稻瘟灵、游离及共轭态 M-3 及 M-5 之和，以稻瘟灵表示。

稻瘟灵在动物源食品中的监测与评估残留定义均为稻瘟灵、游离及共轭态 M-2 之和，以稻瘟灵表示。

3. 标准制定进展

JMPR 共推荐了稻瘟灵在糙米、奶等动植物源食品中的 6 项农药最大残留限量。该农药在我国登记范围包括草坪、水稻、西瓜、烟草、玉米共计 5 种（类）作物。我国已制定了该农药 4 项残留限量标准。

稻瘟灵限量标准及登记情况见表 4-6-2。

表 4-6-2　稻瘟灵限量标准及登记情况

序号	食品类别/名称		JMPR 推荐残留限量标准/mg/kg	Codex 现有残留限量标准/mg/kg	GB 2763—2021 残留限量标准/mg/kg	我国登记情况
1	糙米	Rice, husked	6	无	无	水稻
2	精米	Rice, polished	1.5	无	1	水稻
3	肉（来自海洋哺乳动物以外的哺乳动物）	Meat (from mammals other than marine mammals)	0.01*	无	无	无
4	奶	Milks	0.01*	无	无	无
5	哺乳动物脂肪（乳脂除外）	Mammalian fats (except milk fats)	0.01*	无	无	无
6	可食用内脏（哺乳动物）	Edible offal (mammalian)	0.01*	无	无	无

* 方法定量限。

CCPR 讨论情况：

委员会同意将所有拟议的 MRLs 草案推进至第 5/8 步。

目前我国已登记作物中，已制定的大米 MRL 1 mg/kg 严于 JMPR 推荐的大米（精米）限量 1.5 mg/kg。稻瘟灵在我国已登记于水稻，且 JMPR 此次已推荐稻瘟灵在糙米中的 MRL，为我国制定相关限量标准提供了参考。

4. 膳食摄入风险评估结果

（1）长期膳食暴露评估：稻瘟灵的 ADI 为 0～0.1 mg/kg bw。JMPR 根据 STMR 评估了稻瘟灵在 17 簇 GEMS/食品膳食消费类别的 IEDIs。IEDIs 在最大允许摄入量的 0～2% 之间。基于本次评估的稻瘟灵使用范围，JMPR 认为其残留长期膳食暴露不大可能引起公共健康关注。

（2）急性膳食暴露评估：2017 年 JMPR 决定没有必要建立稻瘟灵的 ARfD。基于本次评估的稻瘟灵使用范围，JMPR 认为其残留急性膳食暴露不大可能引起公共健康关注。

七、那他霉素（natamycin，300）

那他霉素是一种能够与细胞膜中的麦角固醇结合，从而抑制真菌孢子产生的多用途杀菌剂，CAS 号：7681-93-8。那他霉素作为一种多烯大环内酯类杀菌剂，用作奶酪和干香肠的表面处理，也可用于蘑菇和水果收获后的防霉处理，并已在多个国家登记。美国在 WTO/TBT-SPS 官方评议通报中涉及过该农药。2017 年 JMPR 开展了毒理学和残留评估。

1. 毒理学评估

由于可供 JMPR 使用的数据库不足，因此并没有建立 ADI 或 ARFD。

2. 残留物定义

那他霉素在动物源、植物源食品中的监测与评估残留定义均为那他霉素。

3. 标准制定进展

JMPR 共推荐了那他霉素在柑橘中的 1 项农药最大残留限量。该农药在我国尚未登记，且未制定相关残留限量标准。

CCPR 讨论情况：

JMPR 秘书处表示，由于数据不足，2017 年 JMPR 未能制定那他霉素 ADI 和 ARfD。

4. 膳食摄入风险评估结果

针对那他霉素的膳食摄入风险部分评估，2017 年 JMPR 未涉及。

八、亚磷酸（phosphonic acid，301）

亚磷酸、乙基膦酸及三乙膦酸铝是 3 种密切相关的内吸性杀菌剂。日本在 WTO/TBT-SPS 官方评议通报中曾涉及过该农药。亚磷酸（配制成钾、钠和铵盐）在许多国家主要用于树干注射、植物蘸涂、叶面喷施、土壤淋灌及收获后施药。同时乙基膦酸及三乙膦酸铝也可用于植物蘸涂、叶面喷洒、淋灌或滴灌处理。此外，亚磷酸作为三乙膦酸铝及乙基膦酸的主要代谢产物，其在毒理学上与三乙膦酸铝相似，三乙膦酸铝的 ADI 可以覆盖亚磷酸。基于上述原因，JMPR 会议同意对上述 3 种化合物一并进行评估，乙基膦酸、乙基膦酸盐、亚磷酸及亚磷酸盐将形成单一评估报告。有关亚磷酸的信息及研究综述、建议残留定义、最大残留水平、残留中值及膳食风险评估报告详见三乙膦酸铝评估报告。

1. 毒理学评估

JMPR 首次评估该农药，建立的 ADI 为 0～1 mg/kg bw（适用于三乙膦酸铝和亚磷酸，以三乙膦酸铝表示），没有必要建立 ARfD。我国未制定相关 ADI。

亚磷酸作为三乙膦酸铝的主要代谢产物，在毒理学上与之相似，三乙膦酸铝的 ADI 可以覆盖亚磷酸。因此，亚磷酸的毒理学评估详见三乙膦酸铝的评估报告。

2. 残留物定义

亚磷酸在植物源食品中的监测与评估残留定义均为乙基膦酸、亚磷酸及其盐之和，以亚磷酸表示。

亚磷酸在动物源食品中的监测与评估残留定义均为亚磷酸。

3. 标准制定进展

JMPR 共推荐了亚磷酸在鳄梨、可食用内脏（哺乳动物）等动植物源食品中的 20 项农药最大残留限量。该农药在我国尚未登记，且未制定相关的残留限量标准。

亚磷酸限量标准及登记情况见表 4-8-1。

表 4-8-1　亚磷酸相关限量标准及登记情况

序号	食品类别/名称		JMPR 推荐残留限量标准/mg/kg	GB 2763—2021残留限量标准/mg/kg	我国登记情况
1	鳄梨	Avocado	20	无	无
2	黄瓜	Cucumber	60	无	无
3	可食用内脏（哺乳动物）	Edible offal (mammalian)	0.5	无	无
4	葡萄	Grapes	60	无	无
5	仁果类水果	Group of pome fruits (includes all commodities in this group)	50	无	无
6	啤酒花（干）	Hops (dry)	1 500	无	无
7	结球莴苣	Lettuce, head	200	无	无
8	叶用莴苣	Lettuce, leaf	40	无	无
9	哺乳动物脂肪（乳脂除外）	Mammalian fats (except milk fats)	0.2	无	无
10	肉（哺乳动物，除海洋哺乳动物）	Meat (from mammals other than marine mammals)	0.15	无	无
11	瓜类（西瓜除外）	Melon (except water melon)	60	无	无

（续）

序号	食品类别/名称		JMPR 推荐残留限量标准/mg/kg	GB 2763—2021 残留限量标准/mg/kg	我国登记情况
12	奶	Milks	0.1	无	无
13	甜椒	Peppers, sweet, (including pimento or pimiento)	7	无	无
14	菠菜	Spinach	20	无	无
15	草莓	Strawberries	70	无	无
16	柑橘亚组	Subgroup of mandarins (includes all commodities in this subgroup)	50	无	无
17	橙亚组，甜，酸	Subgroup of oranges, sweet, sour (includes all commodities in this subgroup)	20	无	无
18	西葫芦	Summer squash	70	无	无
19	番茄	Tomato	8	无	无
20	树生坚果	Tree nuts (includes all commodities in this group)	400	无	无

CCPR 讨论情况：

秘书处表示由三乙膦酸铝确定的 ADI 0～0.1 mg/kg bw 虽然是基于三乙膦酸铝的毒理学研究，但也同样适用于亚磷酸。委员会同意修改 ADI 部分的表述以更明确地表达这一建议。推荐的 MRLs 列于三乙膦酸铝条目下。

4. 膳食摄入风险评估结果

（1）长期膳食暴露评估：JMPR 确定了三乙膦酸铝的 ADI 为 0.1 mg/kg bw，并强调该 ADI 也适用于亚磷酸。

JMPR 同意通过本次 JMPR 所估算的三乙膦酸和亚磷酸及其盐类（以亚磷酸表示）的总残留量的 STMRs 来计算三乙膦酸铝、三乙膦酸和亚磷酸的 IEDIs。JMPR 根据估计的生鲜和加工食品的 STMRs，结合相应食品商品消费数据，评估了三乙膦酸和亚磷酸及其盐类在 17 簇 GEMS/食品膳食消费类别的 IEDIs。IEDIs 在最大允许摄入量的 1%～30% 之间。基于本次评估的三乙膦酸和亚磷酸使用范围，JMPR 认为其残留长期膳食暴露不大可能引起公共健康关注。

（2）急性膳食暴露评估：2017 年 JMPR 决定没有必要建立亚磷酸的 ARfD。基于本次评估的三乙膦酸和亚磷酸使用范围，JMPR 认为其残留急性膳食暴露不大可能引起公共健康关注。

九、三氟苯嘧啶（triflumezopyrim，303）

三氟苯嘧啶是一种新型嘧啶酮类杀虫剂，CAS 号：1263133 - 33 - 0，能够通过结合并抑制烟碱乙酰胆碱受体，从而导致昆虫神经系统过度兴奋。三氟苯嘧啶主要用于杀灭水稻中的多种害虫，包括白背飞虱、小型褐飞虱、叶蝉，特别是对新烟碱类如吡虫啉有抗性的褐飞虱，并已在多个国家登记于水稻。美国在 WTO/TBT-SPS 官方评议通报中涉及过该农药。2016 年 CCPR 第 48 届会议决定将其作为 2017 年新化合物进行毒理学和残留评估。

1. 毒理学评估

在大鼠的长期研究中，基于对其体重、体重增长、饲料的消耗和利用效率、肝脏和子宫重量的增加以及肝脏、肺、睾丸和子宫中的非肿瘤组织病理学指标出现产生的影响，得到的 NOAEL 为每日 15.9 mg/kg bw。以此为基础，JMPR 制定的三氟苯嘧啶的 ADI 为 0～0.2 mg/kg bw，安全系数为 100。在 90 d 的犬类研究中，基于对其体重和胸腺淋巴系统等方面的影响，得到了一个略低的NOAEL（每日 12.2 mg/kg bw），然而这些影响并没能在 1 年期的犬类研究中得到证实。因此，大鼠致癌性研究中得到的 NOAEL 被认为是制定 ADI 的更可靠的基础。

ADI 上限与雄性小鼠肝脏腺瘤增加的剂量水平（727 mg/kg bw）的安全边界为 3 600；与雌性小鼠支气管肺泡肿瘤发病率增加的剂量水平（810 mg/kg bw）的安全边界至少为 4 000。

基于在大鼠的急性神经毒性研究中得到的 NOAEL 100 mg/kg bw，JMPR 制定的 ARfD 为 1 mg/kg bw，安全系数为 100。在大鼠的发育毒性研究中得到的母体毒性 NOAEL 与此相同，也是制定 ARfD 的合适基础。虽然在相同的发育毒性研究中得到的胚胎/胎儿毒性 NOAEL 较低（骨骼变异的增加可能导致表面发育迟缓），但这些发现不太可能是由单一暴露引起的，因此，其并不是制定 ARfD 的合适基础。

三氟苯嘧啶相关的毒理学数据见表 4-9-1。

表 4-9-1 三氟苯嘧啶毒理学风险评估数据

物种	试验项目	效应	NOAEL/mg/(kg·d)（以体重计）	LOAEL/mg/(kg·d)（以体重计）
小鼠	18 个月毒性和致癌性研究[a]	毒性	84	248
		致癌性	248	727
大鼠	急性神经毒性研究[b]	神经毒性	100	500
	2 年毒性和致癌性研究[a]	毒性	15.9	70.6（雄性）
		致癌性	73.8（雌性）	396[d]
	两代生殖毒性研究[a]	生殖毒性	210[c]	—
		亲本毒性	35	95
		后代毒性	105	210
	发育毒性研究[b]	母体毒性	100	200
		胚胎/胎儿毒性	50	100

（续）

物种	试验项目	效应	NOAEL/mg/ (kg·d) (以体重计)	LOAEL/mg/ (kg·d) (以体重计)
兔	发育毒性研究[b]	母体毒性	250	500
		胚胎/胎儿毒性	500[c]	—
犬	13周毒性研究	毒性	12.2	26.6
	1年毒性研究[a]	毒性	53.2[c]	—

[a] 膳食给药；[b] 灌胃给药；[c] 最大试验剂量；[d] 在此剂量水平下，最大耐受剂量（MTD）显著超标，观察到的效应与饮食暴露水平下的人类风险评估无关。

2. 残留物定义

三氟苯嘧啶在动物源、植物源食品中的监测残留定义均为三氟苯嘧啶。

三氟苯嘧啶在动物源、植物源食品中的评估残留定义均为三氟苯嘧啶与3-（三氟甲基）苯甲酸之和，以三氟苯嘧啶表示。

3. 标准制定进展

JMPR共推荐了三氟苯嘧啶在稻谷、肉（哺乳动物，除海洋哺乳动物）等动植物源食品中的12项农药最大残留限量。该农药在我国登记作物为水稻1个作物。我国尚未制定三氟苯嘧啶的残留限量标准。

三氟苯嘧啶的限量标准及登记情况见表4-9-2。

表4-9-2 三氟苯嘧啶相关限量标准及登记情况

序号	食品类别/名称		JMPR推荐残留限量标准/ mg/kg	GB 2763—2021残留限量标准/ mg/kg	我国登记情况
1	稻谷	Rice	0.2	无	水稻
2	糙米	Rice, husked	0.01	无	水稻
3	精米	Rice, polished	0.01	无	水稻

（续）

序号	食品类别/名称		JMPR 推荐残留限量标准/mg/kg	GB 2763—2021 残留限量标准/mg/kg	我国登记情况
4	肉（哺乳动物，除海洋哺乳动物）	Meat（from mammals other than marine mammals）	0.01*	无	无
5	哺乳动物脂肪（乳脂除外）	Mammalian fats（except milk fats）	0.01*	无	无
6	可食用内脏（哺乳动物）	Edible offal（Mammalian）	0.01*	无	无
7	奶	Milks	0.01*	无	无
8	蛋	Eggs	0.01*	无	无
9	禽肉	Poultry meat	0.01*	无	无
10	家禽脂肪	Poultry fats	0.01*	无	无
11	家禽，可食用内脏	Poultry, Edible offal	0.01*	无	无
12	乳脂	Milk fats	0.01*	无	无

* 方法定量限。

CCPR 讨论情况：

委员会同意将所有拟议的 MRLs 草案推进至第 5/8 步。

三氟苯嘧啶在我国已登记于水稻，且 JMPR 此次根据中国、印度及泰国提交的水稻残留数据，已推荐三氟苯嘧啶在稻谷、糙米及大米（精米）中共 3 项 MRL，为我国制订相关限量提供了参考。其中中国提交 JMPR 的水稻残留试验 GAP 条件为 2×0.05 kg/hm² （有效成分），安全间隔期（PHI）21d。

4. 膳食摄入风险评估结果

（1）长期膳食暴露评估：三氟苯嘧啶的 ADI 为 0～0.02 mg/kg

bw。JMPR 根据估计的生鲜和加工食品的 STMRs，结合相应食品商品消费数据，评估了三氟苯嘧啶在 17 簇 GEMS/食品膳食消费类别的 IEDIs。IEDIs 在最大允许摄入量的 0～0.2%之间。基于本次评估的三氟苯嘧啶使用范围，JMPR 认为其残留长期膳食暴露不大可能引起公共健康关注。

（2）急性膳食暴露评估：三氟苯嘧啶的 ARfD 是 1 mg/kg bw，JMPR 根据本次评估的 HRs/HR-Ps 或者 STMRs/STMR-Ps 数据和现有的食品消费数据，计算了国际短期估计摄入量（IESTIs）。IESTIs 占 ARfD 的百分比为 0。基于本次评估的三氟苯嘧啶使用范围，JMPR 认为其残留急性膳食暴露不大可能引起公共健康关注。

第五章　2017 年周期性再评价农药残留限量标准制定进展

2017 年 FAO/WHO 农药残留联席会议共评估了 6 种周期性再评价农药，分别为矮壮素、丁苯吗啉、多菌灵、甲基硫菌灵、杀线威和唑螨酯，相关研究结果如下。

一、多菌灵（carbendazim，72）

多菌灵是一种广泛使用的广谱苯并咪唑类杀菌剂。2017 年 JMPR 将其列入周期性评估农药。由于 JMPR 没有收到关于多菌灵的任何毒理学资料，因此 JMPR 未对多菌灵进行残留评估。

CCPR 讨论情况：

由于多菌灵（使用甲基硫菌灵而产生的）毒理学数据不足，委员会获悉 2017 年 JMPR 未能推荐甲基硫菌灵和多菌灵的 MRL。委员会同意待 2022 年 JMPR 对多菌灵毒理学数据进行重新评估，在此之前保留所有 CXLs。

二、矮壮素（chlormequat，015）

矮壮素是一种植物生长调节剂。1970 年、1972 年、1994 年、1997 年、1999 年及 2000 年 JMPR 均对该农药进行过评估，并修订了其 ADI 和 ARfD。2017 年 JMPR 对其进行了周期性评估。

1. 毒理学评估

JMPR 根据犬 90 d 和 1 年毒理学研究中腹泻、呕吐和流涎的总体 NOAEL 为每日 4.7 mg/kg bw 的结果，重新确认了矮壮素 ADI 为 0～0.05 mg/kg bw，安全系数为 100。

JMPR 根据犬 1 年毒理学研究中观察到的临床体征（腹泻、呕吐和流涎）得到的 NOAEL 为每日 4.7 mg/kg bw 的结果，重新确认了矮壮素 ARfD 为 0～0.05 mg/kg bw。

矮壮素相关毒理学数据见表 5-2-1。

表 5-2-1　矮壮素毒理学风险评估相关数据

物种	试验项目	效应	NOAEL/mg/ (kg·d) (以体重计)	LOAEL/mg/ (kg·d) (以体重计)
小鼠	100 d 和 10 周毒性和致癌性研究[a]	毒性	336[b]	—
		致癌性	336[b]	—
大鼠	两年毒性和致癌性研究[a]	毒性	42	120
		致癌性	120[b]	—
	两代生殖毒理学研究[a]	生殖毒性	69	230
		亲本毒性	6.8[b]	69.3
		后代毒性	41.4[b]	211
	产前/发育毒理学研究[c]	母体毒性	75	225
		胚胎和胎儿毒性	225[b]	—
兔	产前发育毒理学研究[c]	母体毒性	10	20
		胚胎和胎儿毒性	20	40
犬	90 d 和 12 个月毒理学研究[a,d]	毒性	4.7	9.2

[a]膳食给药；[b]最大试验剂量；[c]灌胃给药；[d]两项或多项研究结合。

2. 残留物定义

矮壮素在动物源、植物源食品中的监测与评估残留定义均为矮壮素阳离子之和。

3. 标准制定进展

JMPR 共推荐了矮壮素在大麦、可食用内脏（哺乳动物）等动植物源食品中的 22 项农药最大残留限量。该农药在我国登记作物包括番茄、花生、棉花、小麦、玉米，我国制定了该农药 33 项残留限量标准。

矮壮素限量标准及登记情况见表 5-2-2。

表 5-2-2　矮壮素相关限量标准及登记情况

序号	食品类别/名称		JMPR 推荐残留限量标准/mg/kg	Codex 现有残留限量标准/mg/kg	GB 2763—2021 残留限量标准/mg/kg	我国登记情况
1	大麦	Barley	2	2	2	无
2	大麦秸秆（干）	Barley straw and fodder（dry）	50（dw）	无	无	无
3	棉籽	Cotton seed	W	0.5	0.5	棉花
4	可食用内脏（哺乳动物）	Edible offal（mammalian）	1	无	无	无
5	蛋	Eggs	0.1	0.1	0.1*	无
6	羊肉	Goat meat	W	0.2	0.2（绵羊肉） 0.2（山羊肉）	无
7	葡萄	Grapes	0.04*	无	无	无
8	牛、山羊、猪和绵羊肾脏	Kidney of cattle, goats, pigs and sheep	W	0.5	0.5（牛肾） 0.5（山羊肾） 0.5（猪肾） 0.5（绵羊肾）	无
9	牛、山羊、猪和绵羊肝脏	Liver of cattle, goats, pigs and sheep	W	0.1	0.1（牛肝） 0.1（山羊肝） 0.1（猪肝） 0.1（绵羊肝）	无
10	玉米饲料（干）	Maize fodder（dry）	W	7	5（玉米）	玉米

（续）

序号	食品类别/名称		JMPR 推荐残留限量标准/mg/kg	Codex 现有残留限量标准/mg/kg	GB 2763—2021残留限量标准/mg/kg	我国登记情况
11	哺乳动物脂肪（乳脂除外）	Mammalian fats (except milk fats)	0.1	无	无	无
12	肉（来自海洋哺乳动物以外的哺乳动物）	Meat (from mammals other than marine mammals)	0.2	无	无	无
13	牛，猪和绵羊肉	Meat of cattle, pigs and sheep	W	0.2	无	无
14	奶	Milks	0.3	无	无	无
15	牛，山羊和绵羊奶	Milk of cattle, goats and sheep	W	0.5	0.5*（牛奶）0.5*（山羊奶）0.5*（绵羊奶）	无
16	燕麦	Oats	4	10	10	无
17	燕麦秸秆（干）	Oat straw and fodder (dry)	7 (dw)	无	无	无
18	家禽，可食用内脏	Poultry, edible offal	0.1	0.1	0.1*（禽类内脏）	无
19	家禽脂肪	Poultry fats	0.04*	无	无	无
20	禽肉	Poultry meat	0.04*	0.04*	0.04*	无
21	油菜籽	Rape seed	W	5	5	无
22	菜籽油，毛油	Rape seed oil, crude	W	0.1	0.1（菜籽毛油）	无

（续）

序号	食品类别/名称		JMPR 推荐残留限量标准/mg/kg	Codex 现有残留限量标准/mg/kg	GB 2763—2021 残留限量标准/mg/kg	我国登记情况
23	黑麦	Rye	6	3	3	无
24	黑麦麸皮，未加工	Rye bran, unprocessed	20	10	无	无
25	黑麦粉	Rye flour	W	3	3（黑麦粉）	无
26	黑麦秸秆（干）	Rye straw and fodder (dry)	20（dw）	无	无	无
27	黑麦全麦	Rye wholemeal	8	4	4（黑麦全粉）	无
28	谷物秸秆（干）	Straw and fodder (dry) of cereal grains	W	30	无	无
29	小黑麦	Triticale	5	3	无	无
30	小黑麦秸秆（干）	Triticale straw and fodder (dry)	80（dw）	无	无	无
31	小麦	Wheat	2	3	5	小麦
32	麦麸，未加工	Wheat bran, unprocessed	7	10	无	小麦
33	面粉	Wheat flour	W	2	2（小麦粉）	小麦
34	小麦秸秆（干）	Wheat straw and fodder (dry)	80（dw）	无	无	小麦
35	小麦全麦面粉	Wheat wholemeal	W	5	5	小麦

* 方法定量限；dw：以干重计；W：撤销限量。

CCPR 讨论情况：

委员会同意将所有拟议的 MRLs 草案推进至第 5/8 步，并随后撤销相关的 CXLs。委员会同时同意撤销玉米饲料（干）、油菜籽、油菜籽毛油、黑麦粉和小麦的 CXLs。

矮壮素在我国已在小麦上登记，JMPR 此次已推荐其在麦麸、小麦秸秆饲料中的 MRL，为我国制定相关限量标准提供了参考。JMPR 此次推荐的小麦 MRL 为 2 mg/kg，严于我国制定的 5 mg/kg。

4. 膳食摄入风险评估结果

（1）长期膳食暴露评估：矮壮素的 ADI 为 0～0.05 mg/kg bw（以矮壮素阳离子表示则为 0～0.038 8 mg/kg bw）。JMPR 根据 STMR 或 STMR-P 评估了 17 簇 GEMS/食品膳食消费类别的 IEDIs。IEDIs 占最大允许摄入量的 1%～7%。基于本次评估的矮壮素的使用范围，JMPR 认为其残留长期膳食暴露不大可能引起公共健康关注。

（2）急性膳食暴露评估：矮壮素的 ARfD 是 0.05 mg/kg bw（以矮壮素阳离子表示则为 0～0.038 8 mg/kg bw）。JMPR 根据本次评估的 HRs/HR-Ps 或者 STMRs/STMR-Ps 数据和现有的食品消费数据，计算了国际短期估计摄入量（IESTIs）。对于儿童和普通人群，IESTIs 均占 ARfD 的 0～100%，基于本次评估的矮壮素的使用范围，JMPR 认为其残留急性膳食暴露不大可能引起公共健康关注。

三、丁苯吗啉（fenpropimorph，188）

丁苯吗啉是一种吗啉类杀菌剂，能够通过抑制真菌的甾醇途径发挥杀菌作用。2016 年 JMPR 重新建立了其 ADI 和 ARfD。2017 年 JMPR 对其进行了周期性评估。

1. 毒理学评估

针对丁苯吗啉的毒理学部分评估，2017 年 JMPR 未涉及。

2. 残留物定义

丁苯吗啉在植物源食品中的监测残留定义为丁苯吗啉。

丁苯吗啉在植物源食品中的评估残留定义为丁苯吗啉、丁苯吗啉醇及其共轭物、2，6-二甲基吗啉之和，以丁苯吗啉表示。

丁苯吗啉在动物源食品中的监测与评估残留定义均为丁苯吗啉、丁苯吗啉醇及其共轭物、2，6-二甲基吗啉之和，以丁苯吗啉表示。残留物均为非脂溶性。

3. 标准制定进展

JMPR共推荐了丁苯吗啉在香蕉、可食用内脏（哺乳动物）等动植物源食品中的24项农药最大残留限量。该农药在我国尚未登记，我国制定了该农药6项残留限量标准。

丁苯吗啉限量标准及登记情况见表5-3-1。

表5-3-1　丁苯吗啉相关限量标准及登记情况

序号	食品类别/名称		JMPR推荐残留限量标准/mg/kg	Codex现有残留限量标准/mg/kg	GB 2763—2021残留限量标准/mg/kg	我国登记情况
1	香蕉	Banana	2	2	2	无
2	大麦	Barley	0.2	0.5	0.5	无
3	大麦秸秆（干）	Barley straw and fodder (dry)	0.5	5	无	无
4	可食用内脏（哺乳动物）	Edible offal (mammalian)	0.7	无	无	无
5	蛋	Eggs	0.005*	0.01*	无	无
6	牛、山羊、猪和绵羊肾脏	Kidney of cattle, goats, pigs and sheep	W[a]	0.05	无	无
7	牛、山羊、猪和绵羊肝脏	Liver of cattle, goats, pigs and sheep	W[a]	0.3	无	无

（续）

序号	食品类别/名称		JMPR 推荐残留限量标准/mg/kg	Codex 现有残留限量标准/mg/kg	GB 2763—2021 残留限量标准/mg/kg	我国登记情况
8	哺乳动物脂肪（乳脂除外）	Mammalian fats (except milk fats)	0.05	0.01	无	无
9	肉（来自海洋哺乳动物以外的哺乳动物）	Meat （from mammals other than marine mammals）	0.04	0.02	无	无
10	牛奶	Milks	0.01	0.01	无	无
11	燕麦	Oats	0.2	0.5	无	无
12	燕麦秸秆（干）	Oats straw and fodder （dry）	0.5	5	0.5	无
13	家禽脂肪	Poultry fats	0.005*	0.01*	无	无
14	禽肉	Poultry meat	0.005*	0.01*	无	无
15	家禽，可食用内脏	Poultry, edible offal	0.005*	0.01*	无	无
16	黑麦	Rye	0.07	0.5	0.5	无
17	黑麦秸秆（干）	Rye straw and fodder （dry）	0.5	5	无	无
18	甜菜	Sugar beet	0.03	0.05*	0.05	无
19	饲料用甜菜叶	Fodder beet leaves or tops	W	1	无	无
20	甜菜粕（干）	Sugar beet pulp （dry）	0.1	无	无	无
21	小黑麦	Triticale	0.07	无	无	无
22	小黑麦秸秆（干）	Triticale straw and fodder （dry）	0.5	无	无	无

（续）

序号	食品类别/名称		JMPR 推荐残留限量标准/mg/kg	Codex 现有残留限量标准/mg/kg	GB 2763—2021 残留限量标准/mg/kg	我国登记情况
23	小麦	Wheat	0.07	0.5	0.5	无
24	麦麸，未加工	Wheat bran, un-processed	0.2	无	无	无
25	小麦胚	Wheat germ	0.3	无	无	无
26	小麦秸秆（干）	Wheat straw and fodder（dry）	0.5	5	无	无
27	小麦全粉	Wheat wholemeal	0.1	无	无	无

* 方法定量限；W：撤销限量；a 由食用内脏（哺乳动物）推荐的 MRL 替代。

CCPR 讨论情况：

由于香蕉中的丁苯吗啉残留对消费者的急性风险问题，欧盟、挪威和瑞士对拟议的香蕉 MRL 草案持保留意见。委员会同意将所有拟议的 MRLs 草案推进至第 5/8 步，并随后撤销相关的 CXLs。

JMPR 此次在大麦、小麦、黑麦及甜菜上修订的丁苯吗啉 MRL 严于我国制定的相关限量标准。

4. 膳食摄入风险评估结果

（1）长期膳食暴露评估：丁苯吗啉的 ADI 为 0～0.004 mg/kg bw。JMPR 根据 STMR 或 STMR-P 评估了 17 簇 GEMS/食品膳食消费类别的 IEDIs。IEDIs 占最大允许摄入量的 0～10%。基于本次评估的丁苯吗啉的使用范围，JMPR 认为其残留长期膳食暴露不大可能引起公共健康关注。

（2）急性膳食暴露评估：丁苯吗啉的 ARfD 是 0.1 mg/kg bw。JMPR 根据本次评估的 HRs/HR-Ps 或者 STMRs/STMR-Ps 数据和现有的食品消费数据，计算了国际短期估计摄入量（IESTIs）。对于育龄妇女，IESTIs 占 ARfD 的 0～5%；对于普通人群，IES-

TIs 占 ARfD 的 0～9%。基于本次评估的丁苯吗啉使用范围，JM-PR 认为其残留急性膳食暴露不大可能引起公共健康关注。

四、唑螨酯（fenpyroximate，193）

唑螨酯是一种吡唑类杀螨剂，用于控制包括水果和蔬菜在内的各种农作物中的螨类和飞虱。1995 年 JMPR 对其进行了首次评估，然后在 1999 年和 2010 年评估了最大残留限量，并在 2004 年和 2007 年进行了毒理学评估。在 2016 年 CCPR 第 48 届会议上，唑螨酯被列入周期性评估农药，2017 年 JMPR 对其进行了残留和毒理学评估。

1995 年 JMPR 首次评估了唑螨酯，并建立了其 ADI 为 0～0.01 mg/kg bw，2004 年 JMPR 对唑螨酯进行了重新评估，制定的唑螨酯 ARfD 为 0.01 mg/kg bw。其中 ADI 与我国相关规定一致。

1. 毒理学评估

在一项新提交的单次灌胃研究和 13 周犬的毒性研究中，基于观察到腹泻诱发得到的 LOAEL 为 2 mg/kg bw。以此为基础，JM-PR 撤销已有的 ARfD，并制定唑螨酯 ARfD 为 0.01 mg/kg bw，由于未确定 NOAEL 而采用的安全系数为 200。目前尚不清楚腹泻是由唑螨酯的直接刺激还是药理作用造成的，然而，在现有的数据库中，胃肠道组织病理学检查未发现任何刺激相关的证据。该 ADI 和 ARfD 也适用于 M-1、M-3、M-5、M-21、M-22 和羟基-唑螨酯。

唑螨酯相关的毒理学数据见表 5-4-1。

表 5-4-1　唑螨酯毒理学风险评估数据

物种	试验项目	效应	NOAEL/mg/ (kg·d) (以体重计)	LOAEL/mg/ (kg·d) (以体重计)
小鼠	2 年毒性和致癌性研究[a]	毒性	2.43	9.47
		致癌性	69.63	—

（续）

物种	试验项目	效应	NOAEL/mg/ (kg·d) (以体重计)	LOAEL/mg/ (kg·d) (以体重计)
大鼠	急性神经毒性研究[c]	神经毒性	300[b]	—
	90 d 神经毒性研究[a]	神经毒性	16.4[b]	—
	2 年毒性和致癌性研究[a,d]	毒性	0.97	3.0
		致癌性	6.20[b]	
	两代生殖毒性研究[a]	生殖毒性	6.59[b]	
		亲本毒性	1.99	6.59
		后代毒性	1.99	6.59
	发育毒性研究[c]	母体毒性	25[b]	—
		胚胎和胎儿毒性	5	25
兔	发育毒性研究[c]	母体毒性	2.5	5
		胚胎和胎儿毒性	2.5	5
犬	单剂量，剂量升级研究及 13 周研究[c,d,e]	毒性	—	2

[a] 膳食给药；[b] 最大试验剂量；[c] 灌胃给药；[d] 两项及多项试验结合；[e] 胶囊给药。

2. 残留物定义

唑螨酯在植物源食品中的监测残留定义为唑螨酯。

唑螨酯在植物源食品中的评估残留定义为母体唑螨酯及叔丁基（Z）-α-（1,3-二甲基-5-苯氧基吡唑-4-基亚甲基氨基-氧基）-对甲苯甲酸酯（其 Z-异构体 M-1）之和，以唑螨酯表示。

唑螨酯在动物源食品中的监测残留定义为唑螨酯、2-羟甲基-2-丙烷基（E）4-[（1,3-二甲基-5-苯氧基吡唑-4-基）-亚甲基氨基氧基甲基] 苯甲酸甲酯（Fen-OH）和（E）-4-[（1,3-二甲基-5-苯氧基吡唑-4-基）亚甲基氨基氧基甲基] 苯甲酸（M-3）之和，以唑螨酯表示。

唑螨酯在动物源食品中的评估残留定义为唑螨酯、2-羟甲基-

2-丙烷基（E）-4-[（1,3-二甲基-5-苯氧基吡唑-4-基)-亚甲基氨基氧基甲基]苯甲酸甲酯（Fen-OH）、（E）-4-[（1,3-二甲基-5-苯氧基吡唑-4-基）亚甲基氨基氧基甲基]苯甲酸（M-3）和（E）-4-{[1,3-二甲基-5-（4-羟基苯氧基）吡唑-4-基]亚甲基氨基氧基甲基}苯甲酸（M-5，游离及其轭合物）之和，以唑螨酯表示。

3. 标准制定进展

JMPR 共推荐了唑螨酯在苹果、可食用内脏（哺乳动物）等动植物源食品中的 40 项农药最大残留限量。该农药在我国登记作物包括柑橘树、棉花、啤酒花、苹果树共 4 种作物。我国制定了该农药 3 项残留限量标准。

唑螨酯限量标准及登记情况见表 5-4-2。

表 5-4-2 唑螨酯相关限量标准及登记情况

序号	食品类别/名称		JMPR 推荐残留限量标准/mg/kg	GB 2763—2021残留限量标准/mg/kg	我国登记情况
1	苹果	Apple	0.2	0.3	苹果树
2	鳄梨	Avocado	0.2	0.2	无
3	梨	Pear	0.2	0.3	无
4	樱桃亚组[a]	Subgroup of cherries (includes all commodities in this subgroup)[a]	2	2	无
5	桃[a]	Peach[a]	0.4	0.4	无
6	杏	Apricot	0.4	0.4	无
7	李亚组（包括新鲜李）	Subgroup of plums (including fresh prunes)(includes all commodities in this subgroup)	0.8	0.4	无

（续）

序号	食品类别/名称		JMPR 推荐残留限量标准/mg/kg	GB 2763—2021 残留限量标准/mg/kg	我国登记情况
8	柑橘类水果组	Group of citrus fruit（includes all commodities in this group）	0.6	0.2	柑橘树
9	葡萄	Grapes	0.1	0.1	无
10	草莓	Strawberries	0.3	0.8	无
11	覆盆子	Raspberry	0.2	无	无
12	黄瓜	Cucumber	0.3	0.3	无
13	西葫芦	Squash，summer	0.06	无	无
14	瓜类（西瓜除外）	Melons（except watermelon）	0.2	无	无
15	西瓜[a]	Watermelon [a]	0.05	无	无
16	辣椒亚组（角胡麻、秋葵和玫瑰茄除外）	Subgroup of peppers（except martynia, okra and roselle）	0.2	0.2	无
17	茄子亚组	Subgroup of eggplants（includes all commodities in this subgroup）	0.3	0.2	无
18	番茄	Tomato	0.3	0.2	无
19	樱桃番茄	Cherry tomato	0.3	无	无
20	带豆荚的豆类亚组	Subgroup of beans with pods（includes all commodities in this subgroup）	0.5	0.4（菜豆）	无

（续）

序号	食品类别/名称		JMPR 推荐残留限量标准/mg/kg	GB 2763—2021 残留限量标准/mg/kg	我国登记情况
21	马铃薯	Potato	0.05*	0.05	无
22	玉米	Maize	0.01*	无	无
23	树生坚果	Tree nut	0.05*	无	无
24	咖啡豆	Coffee beans	0.07	无	无
25	啤酒花（干）	Hops（dry）	15	10	啤酒花
26	茶叶	Tea，green，black，dried	8	无	无
27	奶	Milks	0.01*	无	无
28	肉（来自海洋哺乳动物以外的哺乳动物）	Meat（from mammals other than marine mammals）	0.1（fat）	无	无
29	可食用内脏（哺乳动物）	Edible offal（mammalian）	0.5	无	无
30	哺乳动物脂肪（乳脂除外）	Mammalian fats（except milk fats）	0.1	无	无
31	干制苹果	Apples，dried	1	无	无
32	干制葡萄	Dried grapes（=currants，raisins and sultanas）	0.2	0.3	无
33	柑橘油	Citrus oil	25	无	无
34	玉米饲料	Maize fodder	5	无	无
35	葫芦以外的瓜果类蔬菜	Fruiting vegetable other than cucurbits	W	无	无
36	仁果类水果	Pome fruits	W	无	无
37	西梅干	Prunes，dry	W	无	无

（续）

序号	食品类别/名称		JMPR 推荐残留限量标准/mg/kg	GB 2763—2021 残留限量标准/mg/kg	我国登记情况
38	核果类水果	Stone fruits	W	0.4	无
39	菜豆（豆荚和/或未成熟种子）	Common beans（pod and/or immature seeds）	W	0.4	无
40	辣椒（干）	Peppers, chili, dried	W	1	无

* 方法定量限；W：撤销限量；fat：溶于脂肪；a 提供给 JMPR 的数据排除了樱桃、桃、李、西瓜、干制番茄和干制李的膳食暴露量会低于 ARfD 的可能性。

CCPR 讨论情况：

欧盟、挪威和瑞士对拟议的梨、黄瓜、瓜（西瓜除外，有待完成评估）MRLs 草案持保留意见，以待其完成对该化合物的评估；由于其草案制定仅基于母体化合物的残留，对辣椒（亚组）（角胡麻、秋葵和玫瑰茄除外）和咖啡豆的 MRLs 草案提出了保留意见；由于外推政策的不同，对柑橘类水果 MRL 草案提出保留意见；由于动物源食品中的监测残留定义不同，对肉类（哺乳动物，除海洋哺乳动物）、可食用内脏（哺乳动物）、哺乳动物脂肪（乳脂除外）的 MRLs 草案提出了保留意见。委员会同意将拟议的杏、樱桃（亚组）、樱桃番茄、桃、李（亚组）、西瓜和番茄的 MRLs 草案保留在第 4 步，待 2020 年 JMPR 进行附加毒理学数据的评估。委员会同意将拟议的其他所有的 MRLs 草案推进至第 5/8 步，并随后撤销相关的 CXLs 和仁果类水果的 CXL。

唑螨酯在我国已登记于柑橘树，JMPR 此次拟将唑螨酯柑橘类水果组的 MRL 由 0.5 mg/kg 调整至 0.6 mg/kg，宽松于我国制定的 0.2 mg/kg。唑螨酯在我国已登记于啤酒花，JMPR 此次拟将唑螨酯在啤酒花（干）中的 MRL 由 10 mg/kg 调整至 15 mg/kg，为我国制定相关限量标准提供了参考。唑螨酯在我国已登记于苹果树，JMPR 此次新建立的苹果 MRL 为 0.2 mg/kg，严于我国制定的 0.3 mg/kg。

4. 膳食摄入风险评估结果

（1）长期膳食暴露评估：唑螨酯的 ADI 为 0～0.01 mg/kg bw。JMPR 根据 STMR 评估了唑螨酯在 17 簇 GEMS/食品膳食消费类别的 IESTIs。IESTIs 在最大允许摄入量的 3%～10% 之间。基于本次评估的唑螨酯使用范围，JMPR 认为其残留长期膳食暴露不大可能引起公共健康关注。

（2）急性膳食暴露评估：唑螨酯的 ARfD 为 0.01 mg/kg bw。JMPR 根据食品中的 STMR、HR 及 MRL 评估了唑螨酯的 IESTI。除芹菜（荷兰和丹麦儿童中高达 110%）、桃（日本和加拿大儿童中高达 130%）、西瓜（加拿大儿童中高达 190%）、干制番茄（澳大利亚普通人群中高达 310%），及干制李（澳大利亚儿童中高达 270%）外，唑螨酯的 IESTI 均低于 ARfD 的 100%。基于本次评估的唑螨酯使用范围，JMPR 认为其残留急性膳食暴露可能引起公共健康关注。

五、杀线威（oxamyl，126）

杀线威是一种氨基甲酸酯类杀虫剂，通过抑制乙酰胆碱酯酶活性而起到杀虫作用。1980 年 JMPR 首次对其进行了毒理学和残留评估，并于 2002 年对其毒理学和残留进行了周期性评估。在 2016 年 CCPR 第 48 届会议上，杀线威被列入 2017 年 JMPR 周期性评估农药的优先列表。

1. 毒理学评估

在男性志愿者单剂量研究中，基于剂量增大时观察到唾液分泌增多，红细胞乙酰胆碱酯酶活性降低得到的 NOAEL 为每日 0.09 mg/kg bw。以此为基础，JMPR 重申了 2002 年制定的杀线威 ADI 为 0～0.009 mg/kg bw，安全系数为 10。以此为基础，JMPR 重申了 2002 年制定的杀线威 ARfD 为 0.009 mg/kg bw，安全系数为 10。

杀线威毒理学结果表明，乙酰胆碱酯酶在受抑制后其活性能够迅速且完全恢复，并且反复给药不会改变其恢复特性。此外，在实验动物中未发现杀线威的性别差异影响。JMPR 认为通过在男性中进行单次剂量研究以确定 ADI 和 ARfD 是合适的。

在大鼠急性神经毒性的研究中得出的 NOAEL（0.1 mg/kg bw）支持上述结论。

杀线威相关的毒理学数据见表 5-5-1。

表 5-5-1　杀线威毒理学风险评估数据

物种	试验项目	效应	NOAEL/mg/(kg·d)（以体重计）	LOAEL/mg/(kg·d)（以体重计）
小鼠	2 年毒性和致癌性研究[a,b]	毒性	5.2	10.8
		致癌性[c]	13.5	—
大鼠	2 年毒性和致癌性研究[a,b]	毒性	2	4.2
		致癌性[c]	7	—
	两代生殖毒性研究[a,b]	生殖毒性	5.4	12.2
		亲本毒性	1.4	4.2
		后代毒性	1.7	5.4
	发育毒性研究[b,d]	母体毒性	0.5	0.8
		胚胎和胎儿毒性	0.5	0.8
	急性神经毒性研究[d]	神经毒性	0.1	0.75
	90 d 神经毒性研究[a]	神经毒性	1.7	15
兔	发育毒性研究[b,d]	母体毒性	1	2
		胚胎和胎儿毒性	2	4
犬	2 年毒性研究[a,e]	毒性	0.93	1.6
人	单剂量志愿者研究[f]	乙酰胆碱酯酶抑制作用，唾液分泌	0.09	0.15

[a] 膳食给药；[b] 不包括（充足的）乙酰胆碱酯酶活性测定；[c] 最大试验剂量；[d] 灌胃给药；[e] 两项及多项试验结合；[f] 胶囊给药。

2. 残留物定义

杀线威在动物源、植物源食品中的监测与评估残留定义均为杀线威。

3. 标准制定进展

JMPR 共推荐了杀线威在苹果、可食用内脏（哺乳动物）等动植物源食品中的 28 项农药最大残留限量。该农药在我国尚未登记，我国制定了该农药 9 项残留限量标准。

杀线威限量标准及登记情况见表 5-5-2。

表 5-5-2　杀线威相关限量标准及登记情况

序号	食品类别/名称		JMPR 推荐残留限量标准/mg/kg	GB 2763—2021 残留限量标准/mg/kg	我国登记情况
1	苹果	Apple	W	无	无
2	抱子甘蓝	Brussels sprouts	0.01*	无	无
3	胡萝卜	Carrot	0.01*	0.1**	无
4	樱桃番茄	Cherry tomato	0.01*	无	无
5	柑橘类水果组	Group of citrus fruit (includes all commodities in this group)	W	5**	无
6	棉籽	Cotton seed	W	0.2**	无
7	黄瓜	Cucumber	0.02	2**	无
8	可食用内脏（哺乳动物）	Edible offal (Mammalian)	0.01*	无	无
9	牛、山羊、马、猪和绵羊的可食用内脏	Edible offal of cattle, goats, horse, pigs and sheep	W	0.02**	无

（续）

序号	食品类别/名称		JMPR 推荐残留限量标准/mg/kg	GB 2763—2021 残留限量标准/mg/kg	我国登记情况
10	茄子	Eggplant (includes all commodities in this subgroup)	0.01*	无	无
11	蛋	Eggs	W	0.02**	无
12	哺乳动物脂肪（乳脂除外）	Mammalian fats (except milk fats)	0.01*	无	无
13	哺乳动物肉类（海洋哺乳动物除外）	Meat (from mammals other than marine mammals)	0.01*	0.02**	无
14	瓜类（西瓜除外）	Melons (except watermelon)	0.01	2** （甜瓜类水果）	无
15	牛奶	Milks	0.01*	无	无
16	欧洲防风	Parsnip	0.01*	无	无
17	花生	Peanut	W	0.05** （花生仁）	无
18	花生饲料	Peanut fodder	W	无	无
19	辣椒（干）	Peppers, chili (dried)	0.01*	无	无
20	马铃薯	Potato	0.01*	0.1**	无
21	家禽，可食用内脏	Poultry, edible offal	W	0.02**	无
22	禽肉	Poultry meat	W	0.02**	无
23	西葫芦	Summer squash	0.04	无	无

（续）

序号	食品类别/名称		JMPR 推荐残留限量标准/mg/kg	GB 2763—2021 残留限量标准/mg/kg	我国登记情况
24	茄子亚组	Subgroup of eggplants（includes all commodities in this subgroup）	0.01*	无	无
25	辣椒亚组（角胡麻、秋葵和玫瑰茄除外）	Subgroup of peppers（except martynia, okra and roselle）	0.01*	2**（甜椒）	无
26	甜菜	Sugar beet	0.01*	无	无
27	番茄	Tomato	0.01*	2**	无
28	西瓜	Watermelon	0.01	无	无
29	果实和浆果香料	Spices, Fruits and Berries	W	0.07*	无
30	根和根茎香料	Spices, Roots and Rhizomes	W	0.05*	无

* 方法定量限；dw：以干重计；** 临时限量；W：撤销限量。

CCPR 讨论情况：

由于对欧盟消费者的急性健康风险，欧盟、挪威和瑞士对拟议的黄瓜和西葫芦 MRLs 草案持保留意见。加拿大、德国、乌干达和肯尼亚建议 CCPR 和 JMPR 将角胡麻、秋葵、玫瑰茄并入辣椒（亚组），待 2018 年 JMPR 对收到的更多信息进行评估。根据对作物分组外推的讨论，委员会决定将干辣椒和辣椒亚组（角胡麻、秋葵和玫瑰茄除外，包括该亚组中的所有商品）的 MRLs 草案保留在第 4 步。委员会同意将所有其余拟议的 MRLs 草案推进至第 5/8 步，并随后撤销相关的 CXLs。委员会同意撤销柑橘类水果、棉籽、鸡蛋、花生、花生饲料、禽肉、家禽可食用内脏、果实和浆果香料以及根和根茎香料中的 CXLs。CCPR 进一步同意撤销柑橘类水果（3 mg/kg）、黄瓜（1 mg/kg）、瓜类（西瓜除外）(1 mg/kg)、辣椒亚组（1 mg/kg）中的 MRLs。

JMPR 此次将黄瓜 MRL 由 1 mg/kg 调整至 0.02 mg/kg，瓜类（西瓜除外）MRL 由 1 mg/kg 调整至 0.01 mg/kg，马铃薯 MRL 由 0.1 mg/kg 调整至 0.01 mg/kg，辣椒亚组（角胡麻、秋葵和玫瑰茄除外）MRL 由 5 mg/kg 调整至 0.01 mg/kg，番茄 MRL 由 2 mg/kg 调整至 0.01 mg/kg，均分别严于我国制定的黄瓜 2 mg/kg、甜瓜类水果 2 mg/kg、马铃薯 0.1 mg/kg、甜椒 2 mg/kg、番茄 2 mg/kg。

4. 膳食摄入风险评估结果

（1）长期膳食暴露评估：杀线威的 ADI 为 0～0.009 mg/kg bw。JMPR 根据 STMRs 或 STMR-Ps 评估了杀线威在 17 簇 GEMS/食品膳食消费类别的 IEDIs。IEDIs 在最大允许摄入量的 0～1% 之间。基于本次评估的杀线威使用范围，JMPR 认为其残留长期膳食暴露不大可能引起公共健康关注。

（2）急性膳食暴露评估：杀线威的 ARfD 为 0.009 mg/kg bw。JMPR 根据 HRs/HR-Ps 或 STMRs/STMR-Ps 评估了杀线威的 IESTI。对于普通人群和儿童，IESTI 分别为 ARfD 的 20% 和 10%。基于本次评估的杀线威使用范围，JMPR 认为其残留急性膳食暴露不大可能引起公共健康关注。

六、甲基硫菌灵（thiophanate-methyl，077）

甲基硫菌灵是一种杀菌剂。1973 年、1975 年、1977 年、1995 年、1998 年及 2006 年 JMPR 均对该农药进行过评估，1998 年 JMPR 制定了其 ADI，2006 年 JMPR 认为没有必要建立其 ARfD。2017 年 JMPR 将甲基硫菌灵列入周期性评估农药，JMPR 在此次会议中审议了其新的毒理学资料，重新制定了其 ADI 及 ARfD，但由于 JMPR 没有收到有关多菌灵的任何毒理学资料，因此 JMPR

未对甲基硫菌灵进行残留评估。

1. 毒理学评估

（1）甲基硫菌灵：在一项 2 年的研究中，基于对大鼠体重降低和临床化学、尿液分析以及肾脏、甲状腺、肝脏和肾上腺的组织病理学指标出现产生的影响，得到的 NOAEL 为每日 8.8 mg/kg bw。以此为基础，JMPR 制定的甲基硫菌灵 ADI 为 0～0.09 mg/kg bw。3 个月、1 年和 2 年的犬毒性研究支持了上述结论。

ADI 上限与雄性大鼠甲状腺滤泡细胞腺瘤（每天 54 mg/kg bw）的 LOAEL 的安全边界约为 600，与雌性小鼠肝细胞腺瘤（每天 280 mg/kg bw）的 LOAEL 的安全边界约为 3 100。

在急性神经毒性研究中，基于短暂的体重降低和饲料消耗减少，得到的 NOAEL 为每日 125 mg/kg bw，以此为基础，JMPR 制定的甲基硫菌灵的 ARfD 为 1 mg/kg bw，安全系数为 100。

（2）多菌灵：由于甲基硫菌灵的植物和食物残留物用多菌灵表示，因此必须考虑为其确定 ADI 和 ARFD。而目前还没有关于多菌灵的毒理学研究。

JMPR 上一次评估多菌灵以建立 ADI 是在 1995 年。在犬的研究（2 年）中，基于每日 12.5 mg/kg bw 的肝脏毒性得到的 NOAEL 为每日 2.5 mg/kg bw，以此为基础，JMPR 制定多菌灵的 ADI 为 0～0.03 mg/kg bw，安全系数为 100。

2005 年 JMPR 考虑需要建立多菌灵的 ARfD。在 3 项大鼠和 1 项兔的发育毒性研究中得出的 NOAEL 为每日 10 mg/kg bw，以此为基础，JMPR 制定的 ARfD 为 0.1 mg/kg bw，安全系数为 100。2005 年 JMPR 的结论是，这一 ARfD 只适用于育龄妇女。

对于包括儿童在内的一般人群，在大鼠雄性生殖系统毒性研究中，基于体内微核或非整倍体诱导研究得到的 NOAEL 为 50 mg/kg bw，以此为基础，JMPR 制定的 ARfD 为 0.5 mg/kg bw，安全系数为 100。

JMPR 认为无须为此影响设立额外的安全系数，因为已经清楚地了解潜在的作用机制和产生影响的阈值。

甲基硫菌灵相关的毒理学数据见表 5 - 6 - 1。

表 5 - 6 - 1　甲基硫菌灵毒理学风险评估数据

物种	试验项目	效应	NOAEL/mg/ (kg · d) (以体重计)	LOAEL/mg/ (kg · d) (以体重计)
小鼠	18 个月毒性和致癌性研究[a]	毒性	29	123
		致癌性	29	123
大鼠	急性神经毒性研究[b]	毒性	125	500
		神经毒性	2 000[b,c]	—
	13 周神经毒性研究[a]	神经毒性	150[b,c]	—
	2 年毒性和致癌性研究[a]	毒性	8.8	54
		致癌性	8.8	54
	2 代生殖毒性研究[a]	生殖毒性	147[c]	—
		亲本毒性	14.6	46
		后代毒性	16.8	52.2
	发育毒性研究[b]	母体毒性	300	1 000
		胚胎和胎儿毒性	1 000[c]	—
兔	发育毒性研究[b]	母体毒性	10	20
		胚胎和胎儿毒性	20	40
犬	13 周、1 年和 2 年毒性研究[d,e]	毒性	10	40

[a] 膳食给药；[b] 灌胃给药；[c] 最大试验剂量；[d] 两项及多项研究结合；[e] 胶囊给药。

2. 残留物定义

甲基硫菌灵在动物源、植物源食品中的监测残留定义及其在植物源食品中的评估残留定义均为甲基硫菌灵及多菌灵之和，以多菌灵表示。

甲基硫菌灵在动物源、植物源食品中的评估残留定义为甲基硫菌灵、多菌灵、5-羟基多菌灵及 5-羟基多菌灵硫酸盐之和，以多菌灵表示。

3. 标准制定进展

由于 JMPR 未收到多菌灵的毒理学数据，因此 JMPR 未对甲基硫菌灵进行残留评估。该农药在我国登记范围包括番茄、甘薯、柑橘、瓜类、禾谷类、花生、黄瓜、姜、辣椒、梨树、芦笋、马铃薯、芒果、毛竹、棉花、苹果、葡萄、蔷薇科观赏花卉、青椒、桑树、蔬菜、水稻、甜菜、西瓜、小麦、烟草、油菜、玉米、枸杞共计 29 种（类）作物，我国制定了该农药 15 项残留限量标准。

CCPR 讨论情况：

由于多菌灵（因使用甲基硫菌灵而产生）的毒理学数据不足，2017 年 JMPR 无法推荐甲基硫菌灵和多菌灵的最大残留限量。CCPR 同意保留所有拟议的 CXLs，等待 2022 年 JMPR 根据所提交的多菌灵毒理学数据重新评估的结果。

第六章　2017 年农药新用途限量标准制定进展

2017 年 FAO/WHO 农药残留联席会议共评估了 23 种农药的新用途，分别为 2，4 -滴、苯醚甲环唑、苯嘧磺草胺、吡虫啉、吡唑萘菌胺、丙环唑、丙硫菌唑、啶虫脒、啶氧菌酯、二氯喹啉酸、氟吡呋喃酮、氟吡菌酰胺、氟啶虫酰胺、环氧丙烷、甲氧咪草烟、克菌丹、联氟砜、咪唑烟酸、嘧菌环胺、嘧菌酯、肟菌酯、戊唑醇和乙基多杀菌素，相关研究结果如下。

一、啶虫脒（acetamiprid，246）

啶虫脒是一种新烟碱类杀虫剂。2011 年 JMPR 首次将该农药作为新化合物进行了毒理学和残留评估，并建立其 ADI 与 ARfD。在此之后，JMPR 于 2011 年、2012 年和 2015 年分别推荐了相关农药最大残留限量。啶虫脒为 2017 年 JMPR 新用途评估农药。

1. 残留物定义

啶虫脒在植物源食品中的监测与评估残留定义均为啶虫脒。

啶虫脒在动物源食品中的监测与评估残留定义均为啶虫脒及其去甲基代谢物 IM - 2 - 1 之和，以啶虫脒表示。

2. 标准制定进展

2017 年 JMPR 未推荐啶虫脒的最大残留限量。该农药在我国登记范围包括菠菜、茶树、大白菜、大葱、冬枣、番茄、甘蓝、柑橘、杭白菊、黄瓜、节瓜、金银花、莲藕、绿化景观椰子树、萝卜、棉花、苹果、蔷薇科观赏花卉、茄子、芹菜、十字花科蔬菜、水稻、西瓜、小白菜、小麦、烟草、豇豆共计 27 种（类）作物，我国制定了该农药 20 项残留限量标准。

CCPR 讨论情况：

由于所提交的残留试验不符合 GAP 条件，2017 年 JMPR 无法推荐啶虫脒在开心果中的最大残留限量，伊朗将提交替代的 GAP 条件以匹配相关残留试验，待 2019 年 JMPR 审议。委员会同意撤销啶虫脒在芥菜中的拟议 MRLs，因为 2017 年 JMPR 未收到任何数据以评估替代的 GAP 条件。

3. 膳食摄入风险评估结果

针对啶虫脒的膳食摄入风险评估，2017 年 JMPR 未涉及。

二、嘧菌酯（azoxystrobin，229）

嘧菌酯是一种广谱杀菌剂。2008 年 JMPR 首次将该农药作为新化合物进行了毒理学和残留评估，并建立其 ADI 及残留定义。在此之后，JMPR 于 2011 年、2012 年和 2013 年分别对其进行了重新评估。在 2016 年 CCPR 第 48 届会议上，嘧菌酯被列入 2017 年 JMPR 新用途评估农药。

1. 残留物定义

嘧菌酯在动物源、植物源食品中的监测与评估残留定义均为嘧菌酯。

2. 标准制定进展

JMPR 共推荐了嘧菌酯在火龙果、甘蔗和菜籽油 3 种作物中的农药最大残留限量。该农药在我国登记对象包括草坪、大豆、冬瓜、冬枣、番茄、甘蓝、甘蔗、柑橘、观赏菊花、观赏玫瑰、花生、花椰菜、黄瓜、姜、菊科和蔷薇科观赏花卉、辣椒、梨树、荔枝、莲藕、马铃薯、芒果、棉花、苹果、葡萄、人参、石榴、水稻、丝瓜、西瓜、香蕉、小麦、玉米、芋头、枇杷、豇豆共计 35 种（类）作物，我国制定了该农药 80 项残留限量标准。

嘧菌酯限量标准及登记情况见表 6 - 2 - 1。

表 6 - 2 - 1　嘧菌酯相关限量标准及登记情况

序号	食品类别/名称		JMPR 推荐残留限量标准/mg/kg	Codex 现有残留限量标准/mg/kg	GB 2763—2021 残留限量标准/mg/kg	我国登记情况
1	火龙果	Pitaya	0.3	无	0.3	无
2	甘蔗	Sugar cane	0.05	无	无	甘蔗
3	油菜籽	Rape seed	0.5	无	0.5	无

CCPR 讨论情况：

委员会同意将所有拟议的 MRLs 草案推进至第 5/8 步。

嘧菌酯在我国已登记于甘蔗，且 JMPR 此次已推荐嘧菌酯在甘蔗中的 MRL，为我国制订相关限量提供了参考。

3. 膳食摄入风险评估结果

（1）长期膳食暴露评估：嘧菌酯的 ADI 为 0～0.2 mg/kg bw。JMPR 根据 STMRs 评估了嘧菌酯在 17 簇 GEMS/食品膳食消费类别的 IEDIs。IEDIs 在最大允许摄入量的 2%～20% 之间。基于本次评估的嘧菌酯使用范围，JMPR 认为其残留长期膳食暴露不大可能引起公共健康关注。

（2）急性膳食暴露评估：2008 年 JMPR 决定无须对嘧菌酯制定 ARfD。基于本次评估的嘧菌酯使用范围，JMPR 认为其残留急性膳食暴露不大可能引起公共健康关注。

三、克菌丹（captan，7）

克菌丹是一种有机硫类杀菌剂。1963 年 JMPR 首次评估该农药。在此之后，1969 年至 1997 年间 JMPR 对其进行了残留评估，并建立其 ADI 及残留定义。2000 年 JMPR 对其残留进行了周期性评估，随后 2004 年及 2007 年又对其进行了毒理学评估，并建立其

ARfD。在 2016 年 CCPR 第 48 届会议上，克菌丹被列入 2017 年 JMPR 新用途评估农药。

1. 残留物定义

克菌丹在动植物源食品中的监测与评估残留定义均为克菌丹。

2. 标准制定进展

JMPR 未推荐克菌丹的最大残留限量。该农药在我国登记范围包括草莓、番茄、柑橘、黄瓜、辣椒、梨、马铃薯、苹果、葡萄、蔷薇科观赏花卉、小麦、玉米共计 12 种（类）作物，我国制定了该农药 17 项残留限量标准。

CCPR 讨论情况：

委员会指出，由于分析结果不可靠，JMPR 无法建立人参的克菌丹最大残留限量。

3. 膳食摄入风险评估结果

针对克菌丹的膳食风险评估，2017 年 JMPR 未涉及。

四、嘧菌环胺（cyprodinil，207）

嘧菌环胺是一种嘧啶胺类内吸性杀菌剂。2003 年 JMPR 首次评估该农药，并建立其 ADI 及残留定义。在此之后，JMPR 于 2013 年和 2015 年分别对其进行了新用途评估。在 2015 年 CCPR 第 47 届会议上，嘧菌环胺被列入 2017 年 JMPR 新用途评估农药。

2003 年 JMPR 制定嘧菌环胺的 ADI 为 0～0.03 mg/kg bw，未制定其 ARfD。其 ADI 与我国相关规定一致。

1. 残留物定义

嘧菌环胺在动物源、植物源食品中的监测与评估残留定义均为嘧菌环胺。

2. 标准制定情况

JMPR 共推荐了嘧菌环胺在胡萝卜、芹菜等植物源食品中的 8 项农药最大残留限量。该农药在我国登记范围包括观赏百合、苹果树、葡萄、人参共计 4 种（类）作物，我国制定了该农药 21 项残留限量标准。

嘧菌环胺限量标准及登记情况见表 6 - 4 - 1。

表 6 - 4 - 1　嘧菌环胺相关限量标准及登记情况

序号	食品类别/名称		JMPR 推荐残留限量标准/mg/kg	GB 2763—2021 残留限量标准/mg/kg	我国登记情况
1	朝鲜蓟，球形	Artichoke，globe	4	无	无
2	胡萝卜	Carrot	1.5	0.7	无
3	芹菜	Celery	30	无	无
4	番石榴	Guava	1.5	无	无
5	石榴	Pomegranate	10（Po）	无	无
6	带豆荚的豆类亚组	Subgroup of beans with pods（includes all commodities in this subgroup）	2	0.5（豆类蔬菜）	无
7	除蚕豆和大豆以外的豆类	Beans except broad bean and soya bean	W	无	无
8	马铃薯	Potato	0.01*	无	无
9	树生坚果（杏仁和开心果除外）	Tree nuts（except almond and pistachio）	0.04	无	无

* 方法定量限；Po：适用于收获后处理；W：撤销限量。

CCPR 讨论情况：

由于支持采后施用叶片代谢研究方面的相关性不准确，且采后施用（使用平均残留量＋4 倍标准差）的推荐 MRL 应该可以更加精确，欧盟、挪威、瑞士对拟议的石榴上的 MRL 草案提出了保留意见。JMPR 秘书处表示将在 2018 年 JMPR 会议上重新考虑现有的代谢数据和 MRL 的计算。委员会同意在 2018 年

JMPR结果出来之前将拟议的石榴 MRL 草案保留在第 4 步。委员会同意将所有其他拟议的 MRLs 草案推进至第 5/8 步，并随后撤销相关的 CXLs。

JMPR 此次拟将嘧菌环胺在带豆荚的豆类亚组中的 MRL 由 0.7 mg/kg 调整至 2 mg/kg，宽松于我国制定的 0.5 mg/kg，且我国尚未在豆类中登记。

3. 膳食摄入风险评估结果

（1）长期膳食暴露评估：嘧菌环胺的 ADI 为 0～0.03 mg/kg bw。JMPR 根据 STMRs/STMR-Ps 评估了嘧菌环胺在 17 簇 GEMS/食品膳食消费类别的 IEDIs。IEDIs 在最大允许摄入量的 8%～70% 之间。基于本次评估的嘧菌环胺使用范围，JMPR 认为其残留长期膳食暴露不大可能引起公共健康关注。

（2）急性膳食暴露评估：2003 年 JMPR 决定没有必要制定嘧菌环胺的 ARfD。基于本次评估的嘧菌环胺使用范围，JMPR 认为其残留急性膳食暴露不大可能引起公共健康关注。

五、2,4-滴（2,4-D，020）

2,4-滴是一种除草剂。1970 年 JMPR 首次评估该农药。在此之后，1986 年、1987 年、1996 年、1997 年、1998 年和 2001 年 JMPR 对其进行了评估。1998 年 JMPR 对其进行了周期性评估，并建立了其 ADI 及残留定义。目前 Codex 已建立许多 2,4-滴 MRL，但并未制定棉籽 MRL，为解决转基因棉花中 2,4-滴的残留问题，2017 年 JMPR 对 2,4-滴进行了新用途评估。

1. 残留物定义

2,4-滴在动物源、植物源食品中的监测与评估残留定义均为 2,4-滴。

2. 标准制定进展

JMPR 未推荐 2,4-滴的最大残留限量。该农药在我国登记范围包括小麦、柑橘、水稻共计 3 种作物，我国制定了该农药 28 项残留限量标准。

CCPR 讨论情况：

针对美国对 2017 年 JMPR 缺乏推荐棉籽 MRL 的关注，JMPR 秘书处解释：棉籽中 2,4-滴和 2,4-二氯苯酚残留的贮藏稳定性存在问题，大豆贮藏稳定性研究结果无法外推到棉籽。JMPR 秘书处表示其将在 2018 年审议相关事宜。

3. 膳食摄入风险评估结果

针对 2,4-滴的膳食摄入风险评估，2017 年 JMPR 未涉及。

六、苯醚甲环唑（difenoconazole，224）

苯醚甲环唑是一种三唑类杀菌剂。2007 年 JMPR 首次评估该农药，并建立其 ADI 及 ARfD。在此之后，JMPR 于 2010 年、2013 年和 2015 年分别对其进行过评估并推荐了相关农药最大残留限量。2017 年，JMPR 对其进行了新用途评估。

1. 残留物定义

苯醚甲环唑在植物源食品中的监测与评估残留定义均为苯醚甲环唑。

苯醚甲环唑在动物源食品中的监测与评估残留定义均为苯醚甲环唑及 1-[2-氯-4-(4-氯-苯氧基)-苯基]-2-(1,2,4-三唑)-1-基-乙醇之和，以苯醚甲环唑表示。

2. 标准制定进展

JMPR 共推荐了苯醚甲环唑在仁果类水果、稻米等植物源食品中的 19 项农药最大残留限量。该农药在我国登记范围包括菜豆、茶、大白菜、大豆、大蒜、冬枣、番茄、甘蔗、柑橘、花生、黄瓜、姜、苦瓜、辣椒、梨、荔枝树、芦笋、马铃薯、芒果、棉花、苹果、葡萄、芹菜、人参、三七、石榴、水稻、铁皮石斛、西瓜、香蕉、小麦、烟草、洋葱、玉米、枸杞、豇豆共计 36 种（类）作物，我国制定了该农药 96 项残留限量标准。

苯醚甲环唑限量标准及登记情况见表 6-6-1。

表 6-6-1 苯醚甲环唑相关限量标准及登记情况

序号	食品类别/名称		JMPR 推荐残留限量标准/mg/kg	Codex 现有残留限量标准/mg/kg	GB 2763—2021 残留限量标准/mg/kg	我国登记情况
1	仁果类水果	Pome fruits	4	0.8	0.5	苹果、梨
2	蓝莓	Blueberries	4	无	无	无
3	草莓	Strawberries	2	无	3	无
4	火龙果	Pitaya (dragon fruit)	0.15	无	2	无
5	西瓜	Watermelon	0.02	无	0.1	西瓜
6	瓜果类蔬菜，葫芦除外	Fruiting vegetables other than cucurbits	W	0.6	0.5(番茄) 1（黄瓜）	黄瓜、苦瓜、番茄
7	葫芦以外的瓜果类蔬菜（红辣椒除外）	Group of fruiting vegetables other than cucurbits (except peppers, chili)	0.6	无	0.5（番茄） 1（黄瓜）	黄瓜、苦瓜、番茄
8	红辣椒	Peppers, chili	0.9	无	1（辣椒）	辣椒
9	辣椒（干）	Peppers, chili (dried)	5	5	5	辣椒
10	甜玉米（谷粒和玉米棒，去苞叶）	Sweet corn (corn on the cob) (kernels plus cob with husk removed)	0.01*	无	0.1（玉米）	玉米
11	干豆类（大豆除外）	Subgroup of dry beans (except soya bean)	0.05	无	无	无

（续）

序号	食品类别/名称		JMPR 推荐残留限量标准/mg/kg	Codex 现有残留限量标准/mg/kg	GB 2763—2021 残留限量标准/mg/kg	我国登记情况
12	干豌豆亚组	Subgroup of dry peas（includes all commodities in this subgroup）	0.15	无	0.5（菜豆）	无
13	人参（干）	Ginseng, dried including red ginseng	0.8	0.2	0.5（人参）	人参
14	朝鲜蓟，球形	Globe artichoke	1.5	无	无	无
15	稻米	Rice	8	无	0.5（糙米）	水稻
16	精米	Rice, polished	0.07	无	无	水稻
17	稻秸秆（干）	Rice straw and fodder（dry）	17（dw）	无	无	水稻
18	咖啡豆	Coffee beans	0.01*	无	无	无
19	甜玉米秸秆	Sweet corn fodder	0.01	无	无	玉米

* 方法定量限；dw：以干重计；W：撤销限量。

CCPR 讨论情况：

由于对苯醚甲环唑残留在核果类水果中的急性和慢性暴露风险的关注，并且缺少在大米中的加工研究数据及不同的制定大米 MRL 的方法，欧盟、挪威和瑞士对拟议的苯醚甲环唑的 MRL 草案持保留意见。JMPR 秘书处表示由于没有数据可推导出糙米的加工系数，2017 年 JMPR 无法建议糙米的 MRL。委员会同意将所有拟议的苯醚甲环唑 MRLs 草案推进至第 5/8 步，并随后撤销相关的 CXLs。

苯醚甲环唑在我国已登记于水稻，JMPR 此次已推荐其在精米、稻秸秆中的 MRL，为我国制定相关限量标准提供了参考。苯醚甲环唑在我国已登记于西瓜、黄瓜、玉米，且 JMPR 此次已推荐其在草莓、火龙果、西瓜、葫芦以外的瓜果类蔬菜（红辣椒除外）、甜玉米（谷粒和玉米棒，去苞叶）及干豌豆亚组共 6 项 MRL 分别严于我国制定的草莓、火龙果、西瓜、黄瓜、玉米及菜豆的 MRL。JMPR 此次推荐仁果类水果 MRL 为 4 mg/kg，宽于我国制定的 0.5 mg/kg。

3. 膳食摄入风险评估结果

（1）长期膳食暴露评估：苯醚甲环唑的 ADI 为 0～0.01 mg/kg bw。JMPR 根据 STMR 或 STMR-P 评估了 17 簇 GEMS/食品膳食消费类别的 IEDIs。IEDIs 占最大允许摄入量的 9%～80%。基于本次评估的苯醚甲环唑的使用范围，JMPR 认为其残留长期膳食暴露不大可能引起公共健康关注。

（2）急性膳食暴露评估：苯醚甲环唑的 ARfD 为 0.3 mg/kg bw。JMPR 根据本次评估的 HRs/HR-Ps 或者 STMRs/STMR-Ps 数据和现有的食品消费数据，计算了国际短期估计摄入量（IESTIs）。对于儿童，IESTIs 占 ARfD 的 0～60%，对于普通人群占 0～20%。基于本次评估的苯醚甲环唑使用范围，JMPR 认为其残留急性膳食暴露不大可能引起公共健康关注。

七、氟啶虫酰胺（flonicamid，282）

氟啶虫酰胺是一种新型低毒吡啶酰胺类昆虫生长调节剂类杀虫剂。2015 年 JMPR 首次评估该农药，并建立了其 ADI 及残留定义。在 2016 年 CCPR 第 48 届会议上，氟啶虫酰胺被列入 2017 年 JMPR 新用途评估农药。

2015 年 JMPR 首次制定氟啶虫酰胺的 ADI 为 0～0.07 mg/kg bw，未制定其 ARfD。我国规定氟啶虫酰胺的 ADI 为 0.025 mg/kg bw。

1. 残留物定义

氟啶虫酰胺在植物源食品中的监测与评估残留定义均为氟啶虫酰胺。

氟啶虫酰胺在动物源食品中的监测与评估残留定义均为氟啶虫酰胺及其代谢产物 TFNA-AM，以氟啶虫酰胺表示。

2. 标准制定进展

JMPR 共推荐了氟啶虫酰胺在豆类作物中的 6 项农药最大残留限量。该农药在我国登记范围包括黄瓜、马铃薯、苹果、水稻共 4 种作物。我国制定了该农药 4 项残留限量标准。

氟啶虫酰胺限量标准及登记情况见表 6-7-1。

表 6-7-1　氟啶虫酰胺相关限量标准及登记情况

序号	食品类别/名称		JMPR 推荐残留限量标准/mg/kg	GB 2763—2021 残留限量标准/mg/kg	我国登记情况
1	有荚豆类亚组〔大豆除外（豆荚中的多汁种子）〕	Subgroup of beans with pods（except soya bean（succulent seeds in pods））	0.7	无	无
2	有荚豌豆亚组	Subgroup of peas with pods	0.8	无	无
3	无荚多汁豆类亚组〔大豆除外（多汁种子）〕	Subgroup of succulent beans without pods（except soya bean（succulent seeds））	0.3	无	无
4	无荚多汁豌豆亚组	Subgroup of succulent peas without pods	0.4	无	无
5	干豆类亚组（干大豆除外）	Subgroup of dry beans（except soya bean（dry））	0.15	无	无

（续）

序号	食品类别/名称		JMPR 推荐残留限量标准/mg/kg	GB 2763—2021 残留限量标准/mg/kg	我国登记情况
6	干豌豆亚组	Subgroup of dry peas	1	无	无

CCPR 讨论情况：

由于监测残留定义不同，欧盟、挪威、瑞士对拟议的 MRL 草案提出了保留意见。委员会同意将所有拟议的 MRLs 草案推进至第 5/8 步。

3. 膳食摄入风险评估结果

（1）长期膳食暴露评估：氟啶虫酰胺的 ADI 为 0～0.07 mg/kg bw。JMPR 根据 STMRs 评估了氟啶虫酰胺在 17 簇 GEMS/食品膳食消费类别的 IEDIs。IEDIs 在最大允许摄入量的 0～10% 之间。基于本次评估的氟啶虫酰胺使用范围，JMPR 认为其残留长期膳食暴露不大可能引起公共健康关注。

（2）急性膳食暴露评估：2015 年 JMPR 决定没有必要制定氟啶虫酰胺的 ARfD。基于本次评估的氟啶虫酰胺使用范围，JMPR 认为其残留急性膳食暴露不大可能引起公共健康关注。

八、联氟砜（fluensulfone，265）

联氟砜是一种新型氟代烯烃类杀线虫剂。2013 年 JMPR 首次对该农药进行了毒理学评估，并建立了其 ADI 和 ARfD。在此之后，2014 年和 2016 年 JMPR 对其进行了残留评估。2016 年 JMPR 还修订了其残留定义。在 2016 年 CCPR 第 48 届会议上，联氟砜被列入 2017 年 JMPR 新用途评估农药。

2013 年 JMPR 首次制定联氟砜的 ADI 为 0～0.01 mg/kg bw，ARfD 为 0.3 mg/kg bw。我国尚未制定相关 ADI。

1. 残留物定义

联氟砜在植物源食品中的监测残留定义为联氟砜及 3,4,4 -三氟丁- 3 -烯- 1 -磺酸（BSA）之和，以联氟砜表示。

联氟砜在植物源食品中的评估残留定义及动物源食品中的监测与评估残留定义均为联氟砜。

2. 标准制定进展

JMPR 未推荐联氟砜的最大残留限量。该农药在我国尚未登记，且未制定相关残留限量标准。

3. 膳食摄入风险评估结果

针对联氟砜的长期和急性膳食暴露评估研究，2017 年 JMPR 均未涉及。

九、氟吡菌酰胺（fluopyram，243）

氟吡菌酰胺是一种广谱杀菌剂。2010 年 JMPR 首次对该农药进行了评估，建立了其 ADI 和 ARfD、残留定义以及许多作物的最大残留限量。JMPR 在 2012 年、2014 年和 2015 年对新的 GAP 和辅助信息进行了评估，并推荐了一些该农药新用途的最大残留限量。

1. 残留物定义

氟吡菌酰胺在植物源食品中的监测与评估残留定义均为氟吡菌酰胺。

氟吡菌酰胺在动物源食品中的监测残留定义为氟吡菌酰胺及 2 -（三氟甲基）苯甲酰胺之和，以氟吡菌酰胺表示。

氟吡菌酰胺在动物源食品中的评估残留定义为氟吡菌酰胺、2 -（三氟甲基）苯甲酰胺、N -{（E）- 2 -[3 -氯- 5 -（三氟甲基）吡啶- 2 -基] 乙烯基}- 2 -三氟甲基）苯甲酰胺及 N -{（Z）- 2 -[3 -氯- 5 -（三氟甲基）吡啶- 2 -基] 乙烯基}- 2 -三氟甲基）苯甲酰胺之和，均以氟吡菌酰胺表示。

2. 标准制定进展

JMPR 共推荐了氟吡菌酰胺在大麦、可食用内脏（哺乳动物）

等动植物源食品中的 63 项农药最大残留限量。该农药在我国登记范围包括草莓、番茄、柑橘树、黄瓜、辣椒、梨树、马铃薯、苹果树、葡萄、茄子、人参、西瓜、香蕉、烟草、杨梅树、洋葱、枇杷树共计 17 种（类）作物，我国制定了该农药 2 项残留限量标准。

氟吡菌酰胺相关登记情况及限量标准对比见表 6-9-1。

表 6-9-1 氟吡菌酰胺相关限量标准及登记情况

序号	食品类别/名称		JMPR 推荐残留限量标准/mg/kg	Codex 现有残留限量标准/mg/kg	GB 2763—2021 残留限量标准/mg/kg	我国登记情况
1	朝鲜蓟，球形	Artichoke, globe	0.4	无	无	无
2	大麦	Barley	0.2	无	无	无
3	大麦秸秆（干）	Barley straw and fodder (dry)	2	无	无	无
4	罗勒	Basil	70	无	无	无
5	罗勒（干）	Basil (dry)	400	无	无	无
6	豆类饲料	Bean fodder	70	无	无	无
7	豆类（干）	Beans (dry)	W	0.07	无	无
8	黑莓	Blackberries	W	3	无	无
9	樱桃番茄	Cherry tomato	0.4	无	无	无
10	鹰嘴豆（干）	Chick-pea (dry)	W	0.07	无	无
11	棉籽	Cottonseed	0.8	0.01*	无	无
12	莳萝种子	Dill seed	70	无	无	无
13	可食用内脏（哺乳动物）	Edible offal (mammalian)	8	无	无	无
14	蛋	Eggs	2	1	无	无
15	啤酒花（干）	Hops (dry)	50	无	无	无
16	牛、山羊、猪和绵羊肾脏	Kidney of cattle, goats, pigs and sheep	W	0.8	无	无

（续）

序号	食品类别/名称		JMPR 推荐残留限量标准/ mg/kg	Codex 现有残留限量标准/ mg/kg	GB 2763—2021 残留限量标准/ mg/kg	我国登记情况
17	小扁豆（干）	Lentil（dry）	W	0.07	无	无
18	牛、山羊、猪和绵羊肝脏	Liver of cattle, goats, pigs and sheep	W	5	无	无
19	羽扇豆（干）	Lupin（dry）	W	0.07	无	无
20	玉米饲料	Maize fodder	18	无	无	无
21	哺乳动物脂肪	Mammalian fat	1.5	无	无	无
22	芒果	Mango	1	无	无	无
23	肉（来自海洋哺乳动物以外的哺乳动物）	Meat（from mammals other than marine mammals）	1.5	0.8	无	无
24	牛奶	Milks	0.8	0.5	无	无
25	燕麦秸秆（干）	Oat straw and fodder（dry）	2	无	无	无
26	燕麦	Oats	0.2	无	无	无
27	大葱	Onion，welsh	2	无	无	无
28	豌豆干草或豌豆饲料（干）	Pea hay or pea fodder（dry）	100	无	无	无
29	花生	Peanut	0.2	0.03	无	无
30	花生饲料	Peanut fodder	47	无	无	无
31	辣椒（干）	Peppers chili（dried）	30	5	无	无
32	马铃薯	Potato	0.15	0.03	无	无
33	家禽脂肪	Poultry fat	1	无	无	无

（续）

序号	食品类别/名称		JMPR推荐残留限量标准/mg/kg	Codex现有残留量标准/mg/kg	GB 2763—2021残留限量标准/mg/kg	我国登记情况
34	禽肉	Poultry meat	1.5	0.5	无	无
35	家禽，食用内脏	Poultry, edible offal	5	2	无	无
36	柚子和葡萄柚	Pummelo and grapefruits (including shaddock-like hybrids, among others grapefruit)	0.4	无	无	无
37	覆盆子，红色，黑色	Raspberries, red, black	W	3	无	无
38	稻米	Rice	4	无	无	无
39	稻秸秆（干）	Rice straw and fodder (dry)	17	无	无	无
40	黑麦	Rye	0.9	无	无	无
41	黑麦秸秆（干）	Rye straw and fodder (dry)	23	无	无	无
42	大豆（干）	Soya bean (dry)	0.3	无	无	无
43	大豆饲料	Soya bean fodder	35	无	无	无
44	葱	Spring onion	15	无	无	无
45	灌木浆果亚组	Subgroup of bush berries (includes all commodities in this subgroup)	7	无	无	无

（续）

序号	食品类别/名称		JMPR 推荐残留限量标准/mg/kg	Codex 现有残留限量标准/mg/kg	GB 2763—2021 残留限量标准/mg/kg	我国登记情况
46	蔓藤类浆果亚组	Subgroup of cane berries（includes all commodities in this subgroup）	5	无	无	草莓
47	樱桃亚组	Subgroup of cherries（includes all commodities in this subgroup）	2	0.7	无	无
48	干豆类（干大豆除外）	Subgroup of dry beans（except soya bean（dry））	0.15	无	无	无
49	干豌豆亚组	Subgroup of dry peas（includes all commodities in this subgroup）	0.7	无	无	无
50	茄子亚组	Subgroup of eggplants（includes all commodities in this subgroup）	0.5	无	无	无
51	柠檬和酸橙亚组	Subgroup of lemons and limes（includes all commodities in this subgroup）	1	无	无	无

（续）

序号	食品类别/名称		JMPR 推荐残留限量标准/mg/kg	Codex 现有残留限量标准/mg/kg	GB 2763—2021残留限量标准/mg/kg	我国登记情况
52	玉米谷物亚组	Subgroup of maize cereals（includes all commodities in this subgroup）	0.02	无	无	无
53	柑橘亚组	Subgroup of mandarins（includes all commodities in this subgroup）	0.6	无	无	柑橘树
54	橙子，甜，酸亚组	Subgroup of oranges，sweet，sour（includes all commodities in this subgroup）	0.6	无	无	无
55	辣椒亚组（角胡麻、秋葵、玫瑰茄除外）	Subgroup of peppers（except martynia，okra，roselle）	3	0.5	无	辣椒
56	葵花籽	Sunflower seed	0.7	无	无	无
57	甜玉米（谷粒和玉米棒，去苞叶）	Sweet corn（corn on the cob）（kernels plus cob with husk removed）	0.01*	无	无	无

（续）

序号	食品类别/名称		JMPR 推荐残留限量标准/mg/kg	Codex 现有残留限量标准/mg/kg	GB 2763—2021 残留限量标准/mg/kg	我国登记情况
58	番茄	Tomato	0.5	0.4	1**	番茄
59	小黑麦	Triticale	0.9	无	无	无
60	小黑麦秸秆（干）	Triticale straw and fodder（dry）	23	无	无	无
61	小麦	Wheat	0.9	无	无	无
62	小麦秸秆（干）	Wheat straw and fodder（dry）	23	无	无	无
63	苦苣（球芽甘蓝）	Witloof chicory（sprouts）	0.15	无	无	无

* 方法定量限；** 临时限量；W：撤销限量。

CCPR 讨论情况：

由于奶的长期摄入问题、缺乏大米的加工因子以及干豌豆（亚组）的残留试验数量不足，欧盟、挪威和瑞士对这三者拟议的MRLs 草案持保留意见。JMPR 秘书处表示，可以根据加工因子数据得出糙米和精米的 MRL 推荐值，并同意于 2018 年给出糙米和精米的 MRL 草案。对于干豌豆（亚组），JMPR 结合了 5 个残留试验与 9 个干豆数据集，以得出最大残留限量推荐值。委员会同意撤回目前处于第 4 步的辣椒（干）和辣椒亚组的拟议 MRLs 草案，并将所有其他拟议的 MRLs 草案推进至第 5/8 步，随后撤销相关的 CXLs。

氟吡菌酰胺在我国已登记于草莓、柑橘树、辣椒，且 JMPR 此次已推荐氟吡菌酰胺在蔓藤类浆果亚组 5 mg/kg、柑橘亚组 0.6 mg/kg、辣椒亚组（角胡麻、秋葵、玫瑰茄除外）3 mg/kg 共 3 项

MRL，为我国制定相关限量标准提供了参考。氟吡菌酰胺在我国已登记于番茄，JMPR 此次拟将氟吡菌酰胺在番茄上的 MRL 由 0.4 mg/kg 调整至 0.5 mg/kg，严于我国制定的 1 mg/kg。

3. 膳食摄入风险评估结果

（1）长期膳食暴露评估：氟吡菌酰胺的 ADI 为 0～0.01 mg/kg bw。JMPR 采用 STMRs 估计了 17 簇 GEMS/食品膳食消费类别的 IEDIs，IEDIs 在最大允许摄入量的 10%～80% 之间。基于本次评估的氟吡菌酰胺使用范围，JMPR 认为其残留长期膳食暴露不大可能引起公共健康关注。

（2）急性膳食暴露评估：氟吡菌酰胺的 ARfD 为 0.5 mg/kg bw。JMPR 根据本次和过往评估的 STMR 或 HRs 和现有的消费数据，计算了国际短期估计摄入量（IESTIs），IESTI 占 ARfD 的 0～100%。基于本次评估的氟吡菌酰胺使用范围，JMPR 认为其残留急性膳食暴露不大可能引起公共健康关注。

十、氟吡呋喃酮（flupyradifurone，285）

氟吡呋喃酮是一种杀虫剂。2015 年 JMPR 和 2016 年 JMPR 分别首次对该农药进行了毒理学和残留评估。2015 年 JMPR 建立了其 ADI 和 ARfD。氟吡呋喃酮为 2017 年 JMPR 新用途评估农药。

1. 残留物定义

氟吡呋喃酮在植物源食品中的监测残留定义为氟吡呋喃酮。

氟吡呋喃酮在植物源食品中的评估残留定义为氟吡呋喃酮、二氟乙酸（DFA）及 6-氯烟酸（6-CNA）之和，以氟吡呋喃酮表示。

氟吡呋喃酮在动物源食品中的监测与评估残留定义均为氟吡呋喃酮及二氟乙酸之和。

2. 标准限量制定

JMPR 共推荐了氟吡呋喃酮在樱桃、李等植物源食品中的 4 项农药最大残留限量。该农药在我国登记范围包括番茄、柑橘树共计

2 种作物，我国制定了该农药 48 项残留限量标准。

氟吡呋喃酮相关登记情况及限量标准对比见表 6 - 10 - 1。

表 6 - 10 - 1 氟吡呋喃酮相关限量标准及登记情况

序号	食品类别/名称		JMPR 推荐残留限量标准/mg/kg	Codex 现有残留限量标准/mg/kg	GB 2763—2021 残留限量标准/mg/kg	我国登记情况
1	樱桃亚组	Subgroup of cherries （includes all commodities in this subgroup)	2	无	无	无
2	桃亚组（包括油桃和杏）	Subgroup of peaches (including nectarine and apricots) (includes all commodities in this subgroup)	1.5	无	无	无
3	李亚组（包括新鲜李）	Subgroup of plums （including fresh prunes) (includes all commodities in this subgroup)	0.4	无	无	无
4	西梅干	Prunes (dried)	3	无	无	无

CCPR 讨论情况：

由于残留物定义的差别，欧盟、挪威和瑞士对樱桃、桃和李亚组的 MRLs 草案持保留意见。委员会同意将所有拟议的 MRLs 草案推进至第 5/8 步。

3. 膳食摄入风险评估结果

（1）长期膳食暴露评估：氟吡呋喃酮的 ADI 为 0～0.08 mg/kg bw。JMPR 根据 STMR 或者 STMR-Ps 评估了氟吡呋喃酮在 17 簇 GEMS/食品膳食消费类别的 IEDIs。IEDIs 在最大允许摄入量的 6%～20%之间。基于本次评估的氟吡呋喃酮使用范围，JMPR 认为其残留长期膳食暴露不大可能引起公共健康关注。

（2）急性膳食暴露评估：氟吡呋喃酮的 ARfD 为 0.2 mg/kg bw。JMPR 根据本次评估的 HRs/HR-Ps 或者 STMRs/STMR-Ps 和现有的消费数据，计算了国际短期估计摄入量（IESTIs）。对于儿童 IESTIs 占 ARfD 的 30%，对于普通人群占 10%。基于本次评估的氟吡呋喃酮使用范围，JMPR 认为其残留急性膳食暴露不大可能引起公共健康关注。

十一、甲氧咪草烟（imazamox，276）

甲氧咪草烟是一种咪唑啉酮除草剂，用于防治各种草地杂草和阔叶杂草。2014 年 JMPR 首次对该农药进行了毒理学和残留评估，并建立了其 ADI 及 ARfD。在 2016 年 CCPR 第 48 届会议上，甲氧咪草烟被列入 2017 年 JMPR 新用途评估农药。

1. 残留物定义

甲氧咪草烟在植物源和动物源食品中的监测残留定义均为甲氧咪草烟。

甲氧咪草烟在植物源和动物源食品中的评估残留定义均为甲氧咪草烟及 5-（羟甲基）-2-（4-异丙基-4-甲基-5-氧代-2-咪唑啉-2-基）烟酸（CL 263284）之和，以甲氧咪草烟表示。

2. 标准制定进展

JMPR 共推荐了甲氧咪草烟在大麦及其秸秆饲料中的 2 项农药最大残留限量。该农药在我国登记于大豆田，我国制定了该农药 19 项残留限量标准。

甲氧咪草烟限量标准及登记情况见表 6-11-1。

表 6-11-1　甲氧咪草烟相关限量标准及登记情况

序号	食品类别/名称		JMPR 推荐残留限量标准/mg/kg	Codex 现有残留限量标准/mg/kg	GB 2763—2021 残留限量标准/mg/kg	我国登记情况
1	大麦	Barley	0.02	无	无	无
2	大麦秸秆（干）	Barley straw and fodder（dry）	0.05（dw）	无	无	无

dw：以干重计。

CCPR 讨论情况：

委员会注意到欧盟、挪威和瑞士对拟议的大麦 MRL 草案持保留意见，因为欧盟正在对这种化合物进行审查，而且可能会有不同的残留物定义被应用。委员会同意将拟议的大麦、大麦秸秆（干）MRLs 草案推进至第 5/8 步。

3. 膳食摄入风险评估结果

（1）长期膳食暴露评估：甲氧咪草烟的 ADI 为 0～3 mg/kg bw。JMPR 根据估计的 STMRs/STMR-Ps，结合相应食品商品消费数据，评估了甲氧咪草烟在 17 簇 GEMS/食品膳食消费类别的 IEDIs。IEDIs 占最大允许摄入量的百分比为 0。基于本次评估的甲氧咪草烟使用范围，JMPR 认为其残留长期膳食暴露不大可能引起公共健康关注。

（2）急性膳食暴露评估：甲氧咪草烟的 ARfD 为 3 mg/kg bw。JMPR 根据本次评估的 HRs/HR-Ps 或者 STMRs/STMR-Ps 和现有的食品消费数据，计算了国际短期估计摄入量（IESTIs）。IESTIs 占 ARfD 的百分比为 0。基于本次评估的甲氧咪草烟使用范围，JMPR 认为其残留急性膳食暴露不大可能引起公共健康关注。

十二、咪唑烟酸（imazapyr，267）

咪唑烟酸是一种属于咪唑啉酮家族的广谱除草剂。2013 年

JMPR 首次对该农药进行了毒理学和残留评估，并建立了其 ADI。2015 年 JMPR 对其进行了残留评估。在 2016 年 CCPR 第 48 届会议上，咪唑烟酸被列入 2017 年 JMPR 新用途评估农药。

1. 残留物定义

咪唑烟酸在植物源和动物源食品中的监测和评估残留定义均为咪唑烟酸。

2. 标准制定进展

JMPR 共推荐了咪唑烟酸在大麦及其秸秆饲料中的 2 项农药最大残留限量。该农药在我国仅登记于非耕地，未包括 JMPR 此次评估的作物。我国制定了该农药 14 项残留限量标准。

咪唑烟酸限量标准及登记情况见表 6-12-1。

表 6-12-1　咪唑烟酸相关限量标准及登记情况

序号	食品类别/名称		JMPR 推荐残留限量标准/mg/kg	Codex 现有残留限量标准/mg/kg	GB 2763—2021 残留限量标准/mg/kg	我国登记情况
1	大麦	Barley	0.7	无	无	无
2	大麦秸秆（干）	Barley straw and fodder（dry）	0.05*（dw）	无	无	无

*方法定量限；dw：以干重计。

CCPR 讨论情况：

委员会注意到欧盟、挪威和瑞士对拟议的大麦 MRL 草案持保留意见，因为残留试验的数量低于欧盟政策的要求，且其残留水平分布不均匀。委员会同意将拟议的大麦、大麦秸秆（干）MRLs 草案推进至第 5/8 步。

3. 膳食摄入风险评估结果

（1）长期膳食暴露评估：咪唑烟酸的 ADI 为 0~3 mg/kg bw。JMPR 根据 STMRs 或 STMR-Ps 评估了咪唑烟酸在 17 簇 GEMS/食品膳食消费类别的 IEDIs。IEDIs 占最大允许摄入量的百分比为

0。基于本次评估的咪唑烟酸使用范围，JMPR认为其残留长期膳食暴露不大可能引起公共健康关注。

（2）急性膳食暴露评估：2013年JMPR决定无须对咪唑烟酸制定ARfD。基于本次评估的咪唑烟酸使用范围，JMPR认为其残留急性膳食暴露不大可能引起公共健康关注。

十三、吡虫啉（imidacloprid，206）

吡虫啉是一种高效内吸广谱型新烟碱类杀虫剂。2015年JMPR对吡虫啉进行了残留评估。JMPR制定了该农药的ADI及ARfD。在2016年CCPR第48届会议上，吡虫啉被列入2017年JMPR新用途评估农药。

1. 残留物定义

吡虫啉在动物源、植物源食品中的监测与评估残留定义均为吡虫啉及其包含6-氯吡啶基团部分的代谢物之和，以吡虫啉表示。

2. 标准制定进展

JMPR未推荐吡虫啉的农药最大残留限量。该农药在我国登记范围包括白菜、菠菜、草坪、草原、草莓、茶树、春小麦、大豆、冬小麦、冬枣、番茄、甘蓝、甘蔗、柑橘树、观赏菊花、杭白菊、花生、黄瓜、节瓜、韭菜、雷竹、梨树、莲藕、林木、萝卜、马铃薯、芒果树、棉花、木材、苹果树、茄子、芹菜、十字花科蔬菜、水稻、松树、桃树、小白菜、小葱、烟草、杨树、椰树、叶菜、玉米和枸杞等。我国制定了该农药21项残留限量标准。

CCPR讨论情况：

委员会指出，虽然2017年JMPR对该化合物进行了评估，但未推荐开心果的MRL，因为没有与GAP条件相匹配的试验结果。

3. 膳食摄入风险评估结果

针对吡虫啉长期和急性膳食暴露评估研究，2017年JMPR均未涉及。

十四、吡唑萘菌胺（isopyrazam，249）

吡唑萘菌胺属于邻位取代苯基酰胺类的广谱叶面杀真菌剂。2011 年 JMPR 将其作为新化合物进行首次评估，并建立了其 ADI 和 ARfD。2017 年 JMPR 对吡唑萘菌胺进行了新用途评估。

1. 残留物定义

吡唑萘菌胺在植物源食品中的监测残留定义和动物源食品中的监测和评估残留定义均为吡唑萘菌胺（顺式异构体和反式异构体之和）。

吡唑萘菌胺在植物源食品中的评估残留定义为：吡唑萘菌胺和 3 -二氟甲基- 1 -甲基- 1H -吡唑- 4 -羧酸［9 -（1 -羟基- 1 -甲基乙基)-(1RS，4RS，9RS)-1，2，3，4 -四氢- 1，4 -甲基萘- 5 -基］酰胺（CSCD459488）之和，以吡唑萘菌胺表示。

2. 标准制定进展

JMPR 共推荐了吡唑萘菌胺在仁果类水果、肉（来自海洋哺乳动物以外的哺乳动物）等动植物源食品中的 25 项农药最大残留限量。该农药在我国仅登记于黄瓜 1 种作物，同时我国制定了该农药 26 个残留限量标准。

吡唑萘菌胺限量标准及登记情况见表 6 - 14 - 1。

表 6 - 14 - 1　吡唑萘菌胺相关限量标准及登记情况

序号	食品类别/名称		JMPR 推荐残留限量标准/mg/kg	Codex 现有残留限量标准/mg/kg	GB 2763—2021 残留限量标准/mg/kg	我国登记情况
1	仁果类水果	Group of pome fruits (includes all commodities in this group)	0.4	无	无	无
2	黄瓜	Cucumber	0.06	无	0.5	黄瓜

（续）

序号	食品类别/名称		JMPR 推荐残留限量标准/mg/kg	Codex 现有残留限量标准/mg/kg	GB 2763—2021 残留限量标准/mg/kg	我国登记情况
3	瓜类（西瓜除外）	Melon, except watermelon	0.15	无	0.15（甜瓜类水果）	无
4	甜椒	Peppers, sweet (including pimento or pimiento)	0.09	无	0.09（甜椒）	无
5	樱桃番茄	Cherry tomato	0.4	无	0.4	无
6	番茄	Tomato	0.4	无	0.4	无
7	茄子亚组	Subgroup of eggplants (includes all commodities in this group)	0.4	无	0.4（茄子）	无
8	胡萝卜	Carrot	0.15	无	0.15	无
9	大麦	Barley	0.6	0.07	0.07	无
10	小麦	Wheat	0.03	0.03	0.03	无
11	黑麦	Rye	0.03	0.03	0.03	无
12	小黑麦	Triticale	0.03	0.03	0.03	无
13	油菜籽	Rape seed	0.2	无	0.2	无
14	花生	Peanut	0.01	无	0.01（花生仁）	无
15	干制苹果	Apple, dried	3	无	3	无
16	干制番茄	Tomato, dried	5	无	5	无
17	大麦秸秆（干）	Barley straw and fodder (dry)	15 (dw)	3	无	无
18	黑麦秸秆（干）	Rye straw and fodder (dry)	15 (dw)	3	无	无

（续）

序号	食品类别/名称		JMPR 推荐残留限量标准/ mg/kg	Codex 现有残留量标准/ mg/kg	GB 2763—2021 残留限量标准/ mg/kg	我国登记情况
19	小黑麦秸秆（干）	Triticale straw and fodder（dry）	15（dw）	3	无	无
20	小麦秸秆（干）	Wheat straw and fodder（dry）	15（dw）	3	无	无
21	哺乳动物脂肪（乳脂除外）	Mammalian fats（except milk fats）	0.03	0.01*	0.02	无
22	肉（来自海洋哺乳动物以外的哺乳动物）	Meat(from mammals other than marine mammals)	0.03（fat）	0.01*	0.01	无
23	可食用内脏（哺乳动物）	Edible offal（mammalian）	0.02	0.02	0.02	无
24	牛奶	Milks	0.01*	0.01*	生乳 0.01	无
25	乳脂	Milk fats	0.02	0.02	无	无

  * 方法定量限；dw：以干重计；fat：溶于脂肪。

CCPR 讨论情况：

委员会同意将所有拟议的吡唑萘菌胺 MRLs 草案推进至第 5/8 步，并随后撤销相关的 CXLs。

吡唑萘菌胺在我国已登记于黄瓜，JMPR 此次推荐吡唑萘菌胺在黄瓜上的 MRL 为 0.06 mg/kg，严于我国制定的 0.5 mg/kg。JMPR 此次推荐的吡唑萘菌胺在大麦、哺乳动物脂肪（乳脂除外）、肉（来自海洋哺乳动物以外的哺乳动物）上的 MRL 宽松于我国制定的相关 MRL 值。

3. 膳食摄入风险评估结果

（1）长期膳食暴露评估：吡唑萘菌胺的 ADI 为 0～0.06 mg/kg bw。JMPR 根据 STMR 或 STMR-P 评估了 17 簇 GEMS/食品膳食消费类别的 IEDIs。IEDIs 占最大允许摄入量的 0～1%。基于本次评估的吡唑萘菌胺的使用范围，JMPR 认为其残留长期膳食暴露不大可能引起公共健康关注。

（2）急性膳食暴露评估：吡唑萘菌胺的 ARfD 为 0.3 mg/kg bw。JMPR 根据本次评估的 HRs/HR-Ps 或者 STMRs/STMR-Ps 和现有的食品消费数据，计算了国际短期估计摄入量（IESTIs）。IESTIs 占 ARfD 的 6%～100%。基于本次评估的吡唑萘菌胺使用范围，JMPR 认为其残留急性膳食暴露不大可能引起公共健康关注。

十五、啶氧菌酯（picoxystrobin，258）

啶氧菌酯是一种甲氧基丙烯酸酯类杀真菌剂，可广泛用于一系列作物的叶面施用，包括谷类、甜玉米、油菜和豆类。2017 年 JMPR 对啶氧菌酯进行了新用途评估。

1. 残留物定义

啶氧菌酯在动物源、植物源食品中的监测与评估残留定义均为啶氧菌酯。

2. 标准制定进展

JMPR 共推荐了啶氧菌酯在大麦、蛋等动植物源食品上的 30 项农药最大残留量。该农药在我国登记范围包括茶、番茄、花生、黄瓜、辣椒、芒果、葡萄、水稻、西瓜、香蕉、小麦、枣共计 12 种（类）作物，我国制定了该农药的 23 项残留限量标准。

啶氧菌酯限量标准及登记情况见表 6 - 15 - 1。

表 6 - 15 - 1　啶氧菌酯相关限量标准及登记情况

序号	食品类别/名称		JMPR 推荐残留限量标准/mg/kg	GB 2763—2021 残留限量标准/mg/kg	我国登记情况
1	大麦	Barley	0.3	0.3	无
2	大麦秸秆（干）	Barley straw and fodder (dry)	7 (dw)	无	无

（续）

序号	食品类别/名称		JMPR 推荐残留限量标准/mg/kg	GB 2763—2021 残留限量标准/mg/kg	我国登记情况
3	可食用内脏（哺乳动物）	Edible offal（mammalian）	0.02	无	无
4	蛋	Eggs	0.01*	无	无
5	玉米	Maize	0.015	0.015	无
6	玉米饲料	Maize fodder	20（dw）	无	无
7	玉米油，可食用	Maize oil，edible	0.15	无	无
8	哺乳动物脂肪（乳脂除外）	Mammalian fats（except milk fats）	0.02	无	无
9	肉（来自海洋哺乳动物以外的哺乳动物）（脂肪）	Meat（from mammals other than marine mammals）（fat）	0.02	无	无
10	牛奶	Milks	0.01*	无	无
11	燕麦	Oats	0.3	0.3	无
12	燕麦秸秆（干）	Oat straw and fodder（dry）	7（dw）	无	无
13	豌豆干草或豌豆饲料（干）	Pea hay or pea fodder（dry）	150（dw）	无	无
14	爆粒玉米	Popcorn	0.015	无	无
15	家禽，可食用内脏	Poultry，edible offal	0.01*	无	无
16	家禽脂肪	Poultry fats	0.01	无	无
17	禽肉	Poultry meat	0.01*	无	无
18	黑麦	Rye	0.04	0.04	无
19	黑麦秸秆（干）	Rye straw and fodder（dry）	7（dw）	无	无

（续）

序号	食品类别/名称		JMPR 推荐残留限量标准/mg/kg	GB 2763—2021 残留限量标准/mg/kg	我国登记情况
20	大豆饲料	Soya bean fodder	5（dw）	无	无
21	大豆油，精炼	Soya bean oil, refined	0.2	无	无
22	干豆类亚组	Subgroup of dry beans（includes all commodities in this subgroup）	0.06	无	无
23	干豌豆亚组	Subgroup of dry peas（includes all commodities in this subgroup）	0.06	无	无
24	甜玉米（谷粒和玉米棒，去苞叶）	Sweet corn（corn on the cob）（kernels plus cob with husk removed）	0.01*	0.01（鲜食玉米）	无
25	小黑麦	Triticale	0.04	0.04	无
26	小黑麦秸秆（干）	Triticale straw and fodder（dry）	7（dw）	无	无
27	小麦	Wheat	0.04	0.07	小麦
28	麦麸，加工	Wheat bran, processed	0.15	无	小麦
29	麦胚	Wheat germ	0.15	0.15	小麦
30	小麦秸秆（干）	Wheat straw and fodder（dry）	7（dw）	无	小麦

* 方法定量限；（dw）以干重计。

CCPR 讨论情况：

由于啶氧菌酯毒理学方面的问题，欧盟、挪威和瑞士对拟议的在动植物源生鲜商品上的所有 MRLs 草案持保留意见。针对美国对缺少油籽 MRL 的关注，秘书处表示将于 2018 年关注这一问题。委员会同意将所有拟议的 MRLs 草案推进至第 5/8 步。

啶氧菌酯在我国已登记于小麦，JMPR 此次已推荐啶氧菌酯在小麦上的 MRL 为 0.04 mg/kg，严于我国制定的 0.07 mg/kg。

3. 膳食摄入风险评估结果

（1）长期膳食暴露评估：啶氧菌酯的 ADI 为 0～0.09 mg/kg bw。JMPR 根据 STMR 或 STMR-P 评估了 17 簇 GEMS/食品膳食消费类别的 IEDIs。IEDIs 占最大允许摄入量的 0～0.1%。基于本次评估的啶氧菌酯的使用范围，JMPR 认为其残留长期膳食暴露不大可能引起公共健康关注。

（2）急性膳食暴露评估：啶氧菌酯的 ARfD 为 0.09 mg/kg bw。JMPR 根据本次评估的 HRs/HR-Ps 或 STMRs/STMR-Ps 和现有的食品消费数据，计算了国际短期估计摄入量（IESTIs）。对于儿童，IESTIs 占 ARfD 的 0～1%，对于普通人群，IESTIs 占 ARfD 的 0～3%。基于本次评估的啶氧菌酯使用范围，JMPR 认为其残留急性膳食暴露不大可能引起公共健康关注。

十六、丙环唑（propiconazole，160）

丙环唑是一种具有保护和治疗作用的内吸性三唑类杀菌剂。2015 年 JMPR 评估了该农药，2004 年 JMPR 制定了其 ADI、ARfD 及残留定义。在此之后，JMPR 于 2013 年和 2015 年分别对其进行了新用途评估。在 2016 年 CCPR 第 48 届会议上，丙环唑被列入 2017 年 JMPR 新用途评估农药。

2004 年 JMPR 制定了丙环唑的 ADI 为 0～0.07 mg/kg bw，ARfD 为 0.07 mg/kg bw。其 ADI 与我国规定一致。

1. 残留物定义

丙环唑在动物源、植物源食品中的监测残留定义均为丙环唑。

丙环唑在动物源、植物源食品中的评估残留定义均为丙环唑及所有可转化为 2,4 -二氯苯甲酸的代谢物之和,以丙环唑表示。

2. 标准制定进展

JMPR 共推荐了丙环唑在橙子、柑橘等植物源食品中的 9 项农药最大残留限量。该农药在我国登记范围包括草坪、大豆、冬枣、花生、莲藕、苹果树、蔷薇科观赏花卉、人参、水稻、香蕉、小麦、油菜、玉米、茭白、枇杷树共 15 种(类)。我国制定了该农药 17 项残留限量标准。

丙环唑限量标准及登记情况见表 6 - 16 - 1。

表 6 - 16 - 1　丙环唑相关限量标准及登记情况

序号	食品类别/名称		JMPR 推荐残留限量标准/mg/kg	GB 2763—2021 残留限量标准/mg/kg	我国登记情况
1	橙亚组,甜,酸	Subgroup of oranges, sweet, sour (including orange-like hybrids)	15 (Po)	9	无
2	柑橘亚组	Subgroup of mandarins (including Mandarin-like hybrids)	15 (Po)	无	无
3	柠檬和酸橙亚组	Subgroup of lemons and limes (including citron)	15 (Po)	无	无
4	柚和葡萄柚亚组	Subgroup of pummelo and grapefruits (including shaddock-like hybrids)	6 (Po)	无	无

（续）

序号	食品类别/名称		JMPR 推荐残留限量标准/mg/kg	GB 2763—2021残留限量标准/mg/kg	我国登记情况
5	桃	Peach	1.5（Po）	5	无
6	樱桃亚组	Subgroup of cherries（includes all commodities in this subgroup）	3（Po）	无	无
7	李亚组	Subgroup of plum（including prunes）（includes all commodities in this subgroup）	0.5（Po）	0.6	无
8	菠萝	Pineapple	4（Po）	0.02	无
9	橙油	Orange oil	2 800	无	无

Po：适用于收获后处理。

CCPR 讨论情况：

由于对某些代谢物的毒理学问题和正在进行的三唑代谢物的评估无法最终确定其对消费者的风险，欧盟、挪威和瑞士对拟议的所有商品的 MRLs 草案提出了保留意见。此外，欧盟、挪威和瑞士提出采后施用（使用平均残留＋4 倍标准差）可能会有更为精确的 MRL 建议，并要求对采后施用进行代谢研究。委员会同意将所有拟议的 MRLs 草案保留在第 4 步，待 2018 年 JMPR 进行重新评估。

3. 膳食摄入风险评估结果

（1）长期膳食暴露评估：丙环唑的 ADI 为 0～0.07 mg/kg bw。JMPR 根据 STMRs 或 STMR-Ps 评估了丙环唑在 17 簇 GEMS/食品膳食消费类别的 IEDIs。IEDIs 在最大允许摄入量的 0～6％之间。基于本次评估的丙环唑使用范围，JMPR 认为其残留长期膳食暴露不大可能引起公共健康关注。

（2）急性膳食暴露评估：丙环唑的 ARfD 为 0.3 mg/kg bw。JMPR 根据 HR 评估了丙环唑的 IEDIs。对于普通人群和儿童，IESTIs 分别为 ARfD 的 0～6％和 0～10％。基于本次评估的丙环唑使用范围，JMPR 认为其残留急性膳食暴露不大可能引起公共健康关注。

十七、环氧丙烷（propylene oxide，250）

环氧丙烷是一种丙烯类熏蒸剂。环氧丙烷作为一种高活性的挥发性化合物，其沸点为 34 ℃，可用作熏蒸和灭菌的气体或加压液体，以控制各种食品（如香草、香料和坚果）中的昆虫侵染和微生物腐败。使用环氧丙烷后检测到的主要残留物是环氧丙烷、氯代丙醇（氯丙醇）、丙烯溴代醇（溴丙醇）和丙二醇。2011 年 JMPR 首次评估了环氧丙烷，并制定了其 ADI、ARfD 和残留定义。但是由于数据库缺陷，未制定氯代丙醇和丙烯溴代醇的 ADI 或 ARfD。根据 CCPR 的要求，2017 年 JMPR 重新审议了环氧丙烷，并对有关环氧丙烷、氯代丙醇和丙烯溴代醇的新数据进行了总结。在 2016 年 CCPR 第 48 届会议上，环氧丙烷被列入 2017 年 JMPR 新用途评估农药。

1. 残留物定义

环氧丙烷在植物源食品中的监测残留定义为环氧丙烷。

环氧丙烷在植物源食品中的评估残留定义为环氧丙烷、来源于环氧丙烷的氯代丙醇和丙烯溴代醇。

2. 标准制定进展

JMPR 未推荐环氧丙烷的农药最大残留限量。该农药在我国尚未登记，且尚未制定相关残留限量标准。

CCPR 讨论情况：

JMPR 秘书处通知委员会，由于需要对分析方法进行进一步明确，因此未能对树生坚果提出 MRL 建议。

3. 膳食摄入风险评估结果

针对环氧丙烷长期和急性膳食暴露评估研究，2017 年 JMPR 均未涉及。

十八、丙硫菌唑（prothioconazole，232）

丙硫菌唑是一种杀菌剂。2008 年 JMPR 首次对该农药进行了残留及毒理学评估，并建立了其 ADI、ARfD 及残留定义。丙硫菌唑为 2017 年 JMPR 新用途评估农药。

1. 残留物定义

丙硫菌唑在植物源食品中的监测与评估残留定义及在动物源食品中的监测残留定义均为硫酮菌唑。

丙硫菌唑在动物源食品中的评估残留定义为硫酮菌唑、3 - 羟基-硫酮菌唑、4 - 羟基-硫酮菌唑及其轭合物之和，以硫酮菌唑表示。

2. 标准制定进展

JMPR 共推荐了丙硫菌唑在棉籽、奶等动植物源食品中的 9 项农药最大残留限量。该农药在我国登记作物仅有小麦 1 种，我国制定了该农药 10 项残留限量标准。

丙硫菌唑限量标准及登记情况见表 6 - 18 - 1。

表 6 - 18 - 1　丙硫菌唑相关登记情况及限量标准

序号	食品类别/名称		JMPR 推荐残留限量标准/mg/kg	Codex 现有残留限量标准/mg/kg	GB 2763—2021 残留限量标准/mg/kg	我国登记情况
1	棉籽	Cotton seed	0.3	无	0.3*	无
2	奶	Milks	0.004*	0.004*	无	无
3	哺乳动物脂肪（乳脂除外）	Mammalian fats (except milk fats)	0.02	无	无	无

（续）

序号	食品类别/名称		JMPR推荐残留限量标准/mg/kg	Codex现有残留限量标准/mg/kg	GB 2763—2021残留限量标准/mg/kg	我国登记情况
4	肉（来自海洋哺乳动物以外的哺乳动物）	Meat (from mammals other than marine mammals)	0.01	0.01	无	无
5	食用内脏（哺乳动物）	Edible offal (mammalian)	0.3	0.5	无	无
6	蛋	Eggs	0.005*	无	无	无
7	家禽，可食用内脏	Poultry edible offal	0.1	无	无	无
8	家禽脂肪	Poultry fats	0.01*	无	无	无
9	禽肉	Poultry meat	0.01*	无	无	无

* 方法定量限。

CCPR 讨论情况：

CCPR 同意将所有拟议的 MRLs 草案推进至第 5/8 步，并随后撤销相关的 CXLs。

3. 膳食摄入风险评估结果

（1）长期膳食暴露评估：JMPR 根据原料和加工食品的 STMRs，结合相应食品商品消费数据计算了丙硫菌唑的国际估计每日摄入量（IEDI）。丙硫菌唑的 ADI 为 0～0.01 mg/kg bw。JMPR 根据 STMR 评估了丙硫菌唑在 17 簇 GEMS/食品膳食消费类别的 IEDIs，IEDIs 在最大允许摄入量的 0～3％之间。基于本次评估的丙硫菌唑使用范围，JMPR 认为其残留长期膳食暴露不大可能引起公共健康关注。

（2）急性膳食暴露评估：JMPR 根据最大残留水平和现有食品消费数据，计算了国际短期估计摄入量（IESTIs）。丙硫菌唑针对育龄妇女的 ARfD 为 0.01 mg/kg bw，针对一般人群和儿童的 ARfD 为 1 mg/kg bw。对于育龄妇女，IESTIs 占 ARfD 的 0～30%；对于儿童和一般人群，IESTIs 占 ARfD 的百分比为 0。基于本次评估的丙硫菌唑使用范围，JMPR 认为其残留急性膳食暴露不大可能引起公共健康关注。

十九、二氯喹啉酸（quinclorac，287）

二氯喹啉酸是一种除草剂。2015 年 JMPR 首次对其进行了残留和毒理学评估，并建立了其 ADI、ARfD 及残留定义。二氯喹啉酸为 2017 年 JMPR 新用途评估农药。

1. 残留物定义

二氯喹啉酸在植物源食品中的监测残留定义及其在动物源食品中的监测与评估残留定义均为二氯喹啉酸与二氯喹啉酸轭合物之和。

二氯喹啉酸在植物源食品中的评估残留定义为二氯喹啉酸、二氯喹啉酸轭合物及二氯喹啉酸甲酯之和，以二氯喹啉酸表示。

2. 标准制定进展

JMPR 共推荐了二氯喹啉酸在可食用内脏（哺乳动物）、油菜籽等动植物源食品中的 13 项农药最大残留限量。该农药在我国登记范围包括春油菜田、高粱田、水稻田共计 3 种，我国制定了该农药在糙米中的 1 项残留限量标准。

二氯喹啉酸限量标准及登记情况见表 6-19-1。

表 6-19-1 二氯喹啉酸相关限量标准及登记情况

序号	食品类别/名称		JMPR 推荐残留限量标准/mg/kg	Codex 现有残留限量标准/mg/kg	GB 2763—2021 残留限量标准/mg/kg	我国登记情况
1	可食用内脏（哺乳动物）	Edible offal (mammalian)	0.1	无	无	无

（续）

序号	食品类别/名称		JMPR 推荐残留限量标准/mg/kg	Codex 现有残留限量标准/mg/kg	GB 2763—2021 残留限量标准/mg/kg	我国登记情况
2	蛋	Eggs	0.05*	无	无	无
3	哺乳动物脂肪（乳脂除外）	Mammalian fats (except milk fats)	0.05*	无	无	无
4	肉（来自海洋哺乳动物以外的哺乳动物）	Meat (from mammals other than marine mammals)	0.05* (fat)	无	无	无
5	奶	Milks	0.05*	无	无	无
6	家禽，可食用内脏	Poultry, edible offal	0.05*	无	无	无
7	家禽脂肪	Poultry fats	0.05*	无	无	无
8	禽肉	Poultry meat	0.05* (fat)	无	无	无
9	油菜籽	Rape seed	0.15	无	无	无
10	稻谷	Rice	10	无	无	水稻田
11	糙米	Rice, husked	10	无	1	水稻田
12	精米	Rice, polished	8	无	无	水稻田
13	稻秸秆（干）	Rice straw and fodder (dry)	8 (dw)	无	无	水稻田

dw：以干重计；fat：溶于脂肪。

CCPR 讨论情况：

欧盟、挪威和瑞士对油菜籽、糙米和动物源食品的 MRLs 草案持保留意见。对于油菜籽是因为残留物定义中未包括毒性更大的甲酯代谢物；对于糙米是因为使用了加工因子以估计总残留量，但不同的商品定义和不充足的数据无法得出可靠的加工因子；对于动物源食品是因为家畜的膳食负担来自油菜籽和稻米中的残留。JM-

PR 秘书处表示 2017 年 JMPR 审查了监测残留定义，并重新确认了先前的推荐值，对于稻米，使用加工因子的风险较低。然而，由于一些国家已将甲酯代谢物纳入残留物定义中，秘书处同意其将于 2018 年或 2019 年重新审议这一问题。委员会同意将所有拟议的 MRLs 草案推进至第 5/8 步。

二氯喹啉酸在我国已登记于水稻，且 JMPR 此次已推荐二氯喹啉酸稻谷 10 mg/kg、精米 8 mg/kg、稻秸秆（干）8 mg/kg 共 3 项 MRL，为我国制定相关限量标准提供了参考。JMPR 此次新建立二氯喹啉酸在糙米中的 MRL 为 10 mg/kg，宽松于我国制定的 1 mg/kg。

3. 膳食摄入风险评估结果

（1）长期膳食暴露评估：二氯喹啉酸的 ADI 为 0～0.4 mg/kg bw。JMPR 根据 STMR 或者 STMR-P 评估了二氯喹啉酸在 17 簇 GEMS/食品膳食消费类别的 IEDIs。IEDIs 在最大允许摄入量的 0～1% 之间。基于本次评估的二氯喹啉酸使用范围，JMPR 认为其残留长期膳食暴露不大可能引起公共健康关注。

（2）急性膳食暴露评估：二氯喹啉酸的 ARfD 为 2 mg/kg bw。JMPR 根据本次评估的 HRs/HR-Ps 或 STMRs/STMR-Ps 和现有消费数据，计算了国际短期估计摄入量（IESTIs）。对于普通人群，IESTIs 占 ARfD 的 1%；对于儿童，IESTIs 占 ARfD 的 2%。基于本次评估的二氯喹啉酸使用范围，JMPR 认为其残留急性膳食暴露不大可能引起公共健康关注。

二十、苯嘧磺草胺（saflufenacil, 251）

苯嘧磺草胺是一种尿嘧啶类除草剂。2011 年 JMPR 首次评估该农药，并建立了其 ADI 和残留定义。在 2016 年 CCPR 第 48 届会议上，苯嘧磺草胺被列入 2017 年 JMPR 新用途评估农药；特别是将 Codex 关于油菜种子中苯嘧磺草胺残留的现有 MRL 和 STMR（分别为 0.6 mg/kg 和 0.054 mg/kg）外推至亚麻籽和芥菜籽。

1. 残留物定义

苯嘧磺草胺在动物源、植物源食品中的监测与评估残留定义均为苯嘧磺草胺。

2. 标准制定进展

JMPR 共推荐了苯嘧磺草胺在芥菜籽和亚麻籽中的 2 项农药最大残留限量。该农药在我国登记范围包括非耕地、柑橘园共计 2 种，我国制定了该农药 28 项残留限量标准。

苯嘧磺草胺限量标准及登记情况见表 6-20-1。

表 6-20-1　苯嘧磺草胺相关限量标准及登记情况

序号	食品类别/名称		JMPR 推荐残留限量标准/mg/kg	Codex 现有残留限量标准/mg/kg	GB 2763—2021残留限量标准/mg/kg	我国登记情况
1	芥菜籽	Mustard seed	0.6	无	无	无
2	亚麻籽	Linseed	0.6	无	无	无

CCPR 讨论情况：

委员会注意到欧盟、挪威和瑞士对拟议的芥菜籽和亚麻籽 MRLs 草案持保留意见，因为所推行的残留物定义不同。委员会同意将拟议的芥菜籽和亚麻籽 MRLs 推进至第 5/8 步。

3. 膳食摄入风险评估结果

（1）长期膳食暴露评估：苯嘧磺草胺的 ADI 为 0～0.05 mg/kg bw。JMPR 根据 STMRs 或 STMR-Ps 评估了苯嘧磺草胺在 17 簇 GEMS/食品膳食消费类别的 IEDIs。IEDIs 在最大允许摄入量的 2%～20% 之间。基于本次评估的苯嘧磺草胺使用范围，JMPR 认为其残留长期膳食暴露不大可能引起公共健康关注。

（2）急性膳食暴露评估：2011 年 JMPR 决定无须对苯嘧磺草胺制定 ARfD。基于本次评估的苯嘧磺草胺使用范围，JMPR 认为其残留急性膳食暴露不大可能引起公共健康关注。

二十一、乙基多杀菌素（spinetoram，233）

乙基多杀菌素是一种多杀菌素类杀虫剂，它由两种密切相关的活性成分（XDE-175-J和XDE-175-L）组成，比例大约3：1。2008年JMPR首次对该农药进行了评估，建立了其ADI、残留定义及多种作物中的农药最大残留限量。2008年和2012年JMPR评估了一些该农药新用途的最大残留限量。

1. 残留物定义

乙基多杀菌素在动物源、植物源食品中的监测残留定义均为乙基多杀菌素。

乙基多杀菌素在动物源、植物源食品中的评估残留定义均为乙基多杀菌素及其N-去甲基和N-甲酰基两种代谢物。

2. 标准制定进展

JMPR共推荐了该农药在樱桃、奶等动植物源食品中的34项最大残留限量。该农药在我国登记范围包括甘蓝、黄瓜、茄子、水稻、杨梅树、豇豆共计6种，我国制定了该农药49项残留限量标准。

乙基多杀菌素限量标准及登记情况见表6-21-1。

表6-21-1　乙基多杀菌素相关限量标准及登记情况

序号	食品类别/名称		JMPR推荐残留限量标准/mg/kg	Codex现有残留限量标准/mg/kg	GB 2763—2021残留限量标准/mg/kg	我国登记情况
1	柑橘亚组	Subgroup of mandarin (including mandarin-like hybrids)	0.15	无	0.15** （柑） 0.15** （橘）	无
2	樱桃	Subgroup of cherries (includes all commodities in this subgroup)	0.09	无	0.09**	无

（续）

序号	食品类别/名称		JMPR推荐残留限量标准/mg/kg	Codex现有残留限量标准/mg/kg	GB 2763—2021残留限量标准/mg/kg	我国登记情况
3	李亚组	Subgroup of plums (includes all commodities in this subgroup)	0.09	无	0.09**	无
4	杏	Apricot	0.15	无	0.15**	无
5	加仑子，黑、红、白	Currant, Black, Red, White	0.5	无	0.5** （加仑子）	无
6	草莓	Strawberry	0.15	无	0.15**	无
7	食用橄榄	Table olives	0.07	无	0.07** （橄榄）	无
8	鳄梨	Avocado	0.08	无	0.3**	无
9	荔枝	Litchi	0.06	无	0.015**	无
10	芒果	Mango	0.01*	无	0.1**	无
11	西番莲	Passion fruit	0.4	无	0.4**	无
12	韭葱	Leek	0.05	无	0.8**（葱）	无
13	果菜类蔬菜亚组，葫芦科——黄瓜和西葫芦	Subgroup of fruiting vegetables, cucurbits—cucumbers and summer squashes (includes all commodities in this subgroup)	0.04	无	1**（黄瓜）	无
14	瓜类（西瓜除外）	Melons (except watermelon)	0.01*	无	无	无

（续）

序号	食品类别/名称		JMPR 推荐残留限量标准/ mg/kg	Codex 现有残留限量标准/ mg/kg	GB 2763— 2021 残留限量标准/ mg/kg	我国登记情况
15	辣椒亚组（角胡麻、秋葵、玫瑰茄除外）	Subgroup of peppers（except martynia, okra and roselle）	0.4	无	0.4**	无
16	大豆（干）	Soya bean（dry）	0.01*	无	0.01** （大豆）	无
17	马铃薯	Potato	0.01*	无	0.01**	无
18	辣椒（干）	Peppers, chili （dried）	4	无	4** （干辣椒）	无
19	糙米	Husked rice	0.02*	无	0.2**	水稻
20	玉米	Maize	0.01*	无	0.01**	无
21	甜玉米（谷粒和玉米棒，去苞叶）	Sweet corn （corn on the cob） （kernels plus cob with husk removed）	0.01*	无	0.01** （鲜食玉米）	无
22	棉籽	Cotton seed	0.01*	0.01*	0.01**	无
23	奶	Milks	0.02	0.1	无	无
24	乳脂肪	Milk fats	0.15	0.2（fat）	无	无
25	肉（来自海洋哺乳动物以外的哺乳动物）	Meat（from mammals other than marine mammals）	1（fat）	0.01*	无	无
26	可食用内脏（哺乳动物）	Edible offal（mammalian）	0.08	无	无	无
27	哺乳动物脂肪（乳脂除外）	Mammalian fats （except milk fats）	1	无	无	无

（续）

序号	食品类别/名称		JMPR 推荐残留限量标准/mg/kg	Codex 现有残留限量标准/mg/kg	GB 2763—2021 残留限量标准/mg/kg	我国登记情况
28	禽肉	Poultry meat	0.01*（fat）	无	无	无
29	家禽，可食用内脏	Poultry, edible offal	0.01*	无	无	无
30	家禽脂肪	Poultry fats	0.01*	无	无	无
31	蛋	Eggs	0.01*	无	无	无
32	稻秸秆（干）	Rice straw and fodder (dry)	1.5	无	无	水稻
33	甜玉米秸秆饲料	Sweet corn fodder	0.15	无	无	无

* 方法定量限；** 临时限量；fat：溶于脂肪。

CCPR 讨论情况：

委员会注意到欧盟、挪威和瑞士对拟议的鳄梨 MRL 草案持保留意见，因为与 GAP 条件匹配的试验数量有限，且在 2017 年 JMPR 计算比例因子时存在不确定性；对于奶、哺乳动物肉类（海洋哺乳动物除外）、可食用内脏（哺乳动物）和哺乳动物脂肪（乳脂除外）也持保留意见，因为卷心菜/羽衣甘蓝没有计算入牲畜的膳食负荷中；对于柿也持保留意见，因为 GAP 条件不同于其他仁果类果实；对于李亚组，由于纳入了 11 个额外试验而没有匹配正确的 GAP 条件，导致了 MRL 结果较高。秘书处声明其一般性原则是尽可能地利用现有的数据。由于柿中的残留物少于仁果类果实，JMPR 指出仁果类果实的 MRL 组与柿的 cGAP 组相适应。根据相关文献，牲畜的膳食负担中羽衣甘蓝对残留物的贡献并不显著。委员会同意将其他所有拟议的 MRLs 草案推进至第 5/8 步并撤销相关的 CXLs。

乙基多杀菌素在我国已登记于水稻，且 JMPR 此次参照由中国提供的水稻残留试验 GAP 信息，新推荐了乙基多杀菌素在稻秸秆（干）上的 MRL 为 1.5 mg/kg，为我国制定相关限量提供了参考。

乙基多杀菌素在我国已登记于水稻，JMPR 此次根据中国提交的 6 项水稻残留试验数据，新推荐了乙基多杀菌素在糙米上的 MRL 为 0.02 mg/kg，该标准比我国在糙米上的 MRL 0.2 mg/kg 严格 10 倍。此次 JMPR 新建立的糙米 MRL 以中国提交的水稻残留试验 GAP 信息为基础确定，包括有效成分施药剂量 27 g/hm²，施药次数 2 次，施药间隔 7～10 d，安全间隔期为 21 d。

3. 膳食摄入风险评估结果

(1) 长期膳食暴露评估：乙基多杀菌素的 ADI 为 0～0.05 mg/kg bw。JMPR 根据 STMRs 评估了乙基多杀菌素在 17 簇 GEMS/食品膳食消费类别的 IEDIs。IEDIs 在最大允许摄入量的 0.3%～2%之间。基于本次评估的乙基多杀菌素使用范围，JMPR 认为其残留长期膳食暴露不大可能引起公共健康关注。

(2) 急性膳食暴露评估：2008 年 JMPR 决定无须对乙基多杀菌素制定 ARfD。基于本次评估的乙基多杀菌素使用范围，JMPR 认为其残留急性膳食暴露不大可能引起公共健康关注。

二十二、戊唑醇（tebuconazole，189）

戊唑醇是一种高效、广谱、内吸性三唑类杀菌剂。1994 年 JMPR 首次对该药进行了毒理学和残留评估，2010 年进行了毒理学定期评估，2011 年进行了残留定期评估，制定了戊唑醇的 ADI、ARfD 和残留定义。在 2016 年 CCPR 第 48 届会议上，戊唑醇被列入 2017 年 JMPR 新用途评估农药。

JMPR 制定戊唑醇的 ADI 为 0～0.03 mg/kg bw，ARfD 为 0.3 mg/kg bw。其 ADI 与我国规定一致。

1．残留物定义

戊唑醇在动物源、植物源食品中的监测与评估残留定义均为戊唑醇。

2．标准制定情况

JMPR 共推荐了戊唑醇在带豆荚的豆类亚组（包括该亚组中的所有商品）和普通菜豆（豆荚和/或未成熟种子）中的 2 项农药最大残留限量。该农药在我国登记范围包括草坪、草莓、大白菜、冬枣、番茄、柑橘树、高粱、花生、黄瓜、苦瓜、辣椒、梨树、马铃薯、棉花、苹果、葡萄、蔷薇科观赏花卉、水稻、西瓜、香蕉、小麦、烟草、玉米、枇杷共 24 种。我国制定了该农药 47 项残留限量标准。

戊唑醇限量标准及登记情况见表 6－22－1。

表 6－22－1　戊唑醇相关限量标准及登记情况

序号	食品类别/名称		JMPR 推荐残留限量标准/mg/kg	GB 2763—2021残留限量标准/mg/kg	我国登记情况
1	带豆荚的豆类亚组	Subgroup of beans with pods（includes all commodities in this subgroup）	3	3	无
2	普通菜豆（豆荚和/或未成熟种子）	Common bean（pods and/or immature seeds）	W	无	无

W：撤销限量。

CCPR 讨论情况：

欧盟、挪威、瑞士等基于欧盟正在进行的周期性再评估结果，对拟议的带豆荚的豆类亚组 MRL 草案提出了保留意见。委员会同意将拟议的带豆荚的豆类亚组 MRL 草案推进至第 5/8 步，撤销普通菜豆（豆荚和/或未成熟种子）的 MRL。

3. 膳食摄入风险评估结果

（1）长期膳食暴露评估：戊唑醇的 ADI 为 0～0.03 mg/kg bw。JMPR 根据 STMRs 评估了戊唑醇在 17 簇 GEMS/食品膳食消费类别的 IEDI。IEDI 在最大允许摄入量的 2%～9%之间。基于本次评估的戊唑醇使用范围，JMPR 认为其残留长期膳食暴露不大可能引起公共健康关注。

（2）急性膳食暴露评估：戊唑醇的 ARfD 为 0.3 mg/kg bw。对于普通人群和儿童，IESTI 分别为 ARfD 的 5%和 9%。基于本次评估的戊唑醇使用范围，JMPR 认为其残留急性膳食暴露不大可能引起公共健康关注。

二十三、肟菌酯（trifloxystrobin，213）

肟菌酯是一类广谱甲氧基丙烯酸酯类杀菌剂。2004 年 JMPR 首次对其进行了毒理学和残留评估，建立了 ADI 和残留定义。2017 年 JMPR 对肟菌酯进行了新用途评估。

1. 残留物定义

肟菌酯在植物源食品中的监测残留定义为肟菌酯。

肟菌酯在植物源食品中的评估残留定义和在动物源食品中的监测与评估残留定义均为肟菌酯与［（E，E)-甲氧基亚氨基-{2-[1-(3-三氟甲基苯基）亚乙基氨基氧基甲基]苯基}乙酸]（CGA 321113）之和，以肟菌酯表示。

2. 标准制定进展

JMPR 共推荐了肟菌酯在甘蓝、棉籽等 4 种植物源食品上的农药最大残留限量。该农药在我国登记范围包括草莓、番茄、柑橘、黄瓜、辣椒、马铃薯、苹果、葡萄、水稻、西瓜、香蕉、小麦、玉米共计 13 种作物，我国制定了该农药 50 项残留限量标准。

肟菌酯限量标准及登记情况见表 6-23-1。

表 6 - 23 - 1　肟菌酯相关限量标准及登记情况

序号	食品类别/名称		JMPR 推荐残留限量标准/mg/kg	Codex 现有残留限量标准/mg/kg	GB 2763—2021残留限量标准/mg/kg	我国登记情况
1	结球甘蓝	Cabbages，head	1.5	0.5	0.5	无
2	棉籽	Cotton seed	0.4	无	无	无
3	人参	Ginseng	0.03*	无	无	无
4	菠菜	Spinach	20	无	无	无

* 方法定量限。

CCPR 讨论情况：

欧盟、挪威和瑞士由于对肟菌酯的评估残留定义不同，对拟议的肟菌酯在结球甘蓝上的 MRL 草案持保留意见。委员会同意将拟议的所有 MRLs 草案推进至第 5/8 步，并随后撤销相关的 CXLs。

JMPR 推荐的肟菌酯在结球甘蓝上的 MRL 为 1.5 mg/kg，宽松于我国制定的 0.5 mg/kg。

3. 膳食摄入风险评估结果

（1）长期膳食暴露评估：肟菌酯的 ADI 为 0～0.04 mg/kg bw。JMPR 根据 STMR 或 STMR-P 评估了 17 簇 GEMS/食品膳食消费类别的 IEDIs。IEDIs 占最大允许摄入量的 1%～7%。基于本次评估的肟菌酯使用范围，JMPR 认为其残留长期膳食暴露不大可能引起公共健康关注。

（2）急性膳食暴露评估：2004 年 JMPR 认为没有必要制定肟菌酯的 ARfD，因此其残留长期膳食暴露不大可能引起公共健康关注。

第七章　2017 年 CCPR 成员特别关注农药的讨论进展

2016 年 CCPR 第 48 届会议上，对 JMPR 推荐的 3 种农药限量标准提出了特别关注，2017 年 JMPR 对这些关注做了回应，分别为阿维菌素、啶虫脒和二氯喹啉酸，相关研究结果如下。

一、二氯喹啉酸（quinclorac，287）

2015 年 JMPR 首次对二氯喹啉酸进行了评估，并制定了二氯喹啉酸在植物源食品中的监测残留定义：二氯喹啉酸与二氯喹啉酸轭合物之和。在 CCPR 第 49 届会议上，欧盟提交了一份关注列表。欧盟在该文件中指出由于二氯喹啉酸甲酯的毒性是二氯喹啉酸的 10 倍以上，但其未被纳入残留定义，因此欧盟认为应重新考虑二氯喹啉酸的残留定义。

JMPR 表示，在其 2015 年评估后认为，二氯喹啉酸母体是试验作物中的主要残留物，代谢物二氯喹啉酸甲酯虽然是油菜种子中的重要残留物，但在其他主要作物及轮作作物中均残留较少。二氯喹啉酸与二氯喹啉酸轭合物是所有作物中残留物的重要组成部分，同时也是适用于所有产品的合适的标志物。

JMPR 认为二氯喹啉酸现有的膳食暴露评估残留定义中已包括了二氯喹啉酸甲酯。目前二氯喹啉酸的评估残留定义为：二氯喹啉酸、二氯喹啉酸轭合物及二氯喹啉酸甲酯之和，以二氯喹啉酸表示。此外，考虑到二氯喹啉酸甲酯的毒性高出 10 倍，2015 年 JMPR 还提

134 · 134 ·

供了关于合并残留物方法的相关建议，相关计算公式如下：

残留物＝（二氯喹啉酸＋轭合物）＋10×二氯喹啉酸甲酯

该计算方式确保了消费者的膳食暴露不被低估。

此外，JMPR 审查了欧盟关注的美国环保局及加拿大卫生部将二氯喹啉酸甲酯纳入残留物定义的相关事宜。其中，美国在其联邦法规中制定的二氯喹啉酸残留定义为：在大麦、矮生浆果、牛类产品、蔓越橘、家禽类产品、山羊类产品、草、猪类产品、马类产品、大黄、大米、绵羊类产品、高粱及小麦中为二氯喹啉酸（仅限于母体化合物）；在油菜籽中为二氯喹啉酸及二氯喹啉酸甲酯。加拿大在其卫生部 MRL 数据库中制定的二氯喹啉酸残留定义为：在动物源食品以及列出的谷物中为二氯喹啉酸（母体化合物）；在豆类和油籽中为二氯喹啉酸及二氯喹啉酸甲酯。

综上所述，JMPR 再次确认了 2015 年 JMPR 制定的二氯喹啉酸残留定义。

二、阿维菌素（abamectin，177）

2017 年 JMPR 收到了关于阿维菌素的一些新研究成果和已发表的文献资料。但是这些信息只是进一步证实了 JMPR 已于 2015 年审查的内容。JMPR 重申其观点，即在作为 ADI 基础的发育神经毒性研究中所观察到的对幼鼠的影响不能归因于新生大鼠 P－糖蛋白未成熟。因此，JMPR 认为无须对阿维菌素进行重新评估，先前的评估结论保持不变。

三、啶虫脒（acetamiprid，246）

根据 CCPR 委员会提出的要求，啶虫脒被列入毒理学后续评估的议程中。

然而自 2011 年评估以来，JMPR 没有收到任何啶虫脒的相关新数据，因此，JMPR 没有对啶虫脒重新评估，先前的评估结果没有变化。

附录 国际食品法典农药最大残留限量标准制定程序

在国际食品法典农药残留限量标准制定中，JMPR 作为风险评估机构，负责开展风险评估，CAC 和 CCPR 作为风险管理机构，负责提供有关风险管理的意见并进行决策。

一、食品法典农药残留限量标准制定程序

食品法典农药残留限量标准的制定遵循《食品法典》标准制定程序，标准制定通常分为八步，俗称"八步法"[①]。

第 1 步：制定农药评估工作时间表和优先列表。食品法典农药残留限量标准制定过程首先是要有一个法典成员或观察员提名一种农药进行评价，提名通过后，CCPR 与 JMPR 秘书处协商确定评价优先次序，安排农药评价时间表。提名主要包括以下 4 个方面：新农药、周期性评价农药、JMPR 已评估过的农药的新用途以及其他需要关注的评价（例如毒理学关注或者 GAP 发生变化）。被提名的农药必须满足以下要求，即该农药已经或者计划在成员国登记使用，提议审议的食品或饲料存在国际贸易，并且该农药的使用预计将会在国际贸易中流通的某种食品或饲料中存在残留，同时提名该农药的法典成员或观察员承诺按照 JMPR 评审要求提供相关数据资料[②]。

---

① FAO Submission and evaluation of pesticide residues data for the estimation of maximum residue levels in food and feed，3 rd ed，2016

② FAO/WHO Codex "Risk Analysis Principles Applied by the Codex Committee on Pesticide Residues"

第 2 步：JMPR 评估并推荐农药残留限量标准建议草案。JM-PR 推荐食品和饲料中 MRLs 基于良好农业操作（GAP），同时考虑到膳食摄入情况，符合 MRLs 标准的食品被认为在毒理学上风险可以接受。WHO 核心评估小组（WHO/JMPR panel）审议毒理学数据，确定毒理学终点，推荐每日允许摄入量（ADI）和急性参考剂量（ARfD）。FAO 农药残留专家组（FAO/JMPR panel）审议农药登记使用模式、残留环境行为、动植物代谢、分析方法、加工行为和规范残留试验数据等残留数据，确定食品和饲料中农药残留物定义（residue definition）、规范残留试验中值（STMR）、残留高值（HR）和最大残留限量推荐值（MRL）。随后，JMPR 对短期（一天）和长期的膳食暴露进行估算并将其结果与相关的毒理学基准进行比较，风险可以接受则推荐到 CCPR 进行审议。

第 3 步：征求成员和所有相关方意见。食品法典秘书处准备征求意见函（CL），征求法典成员/观察员和所有相关方对 JMPR 推荐的残留限量建议草案的意见。征求意见函一般在 CCPR 年会召开前 4～5 个月发出，法典成员/观察员可以通过电邮或者传真将意见直接提交到 CCPR 秘书处或工作组。

第 4 步：CCPR 审议标准建议草案。CCPR 召开年度会议，讨论并审议农药残留限量标准建议草案以及成员意见。如果标准建议草案未能通过成员的审议，则退回到第二步重新评估，或者停止制定。如标准建议草案没有成员的支持、反对或异议时，可以考虑采取"标准加速制定程序"。

第 5 步：CAC 审议标准草案。CCPR 审议通过的标准建议草案，提交 CAC 审议。

第 5/8 步：如果成员对经 CAC 审议通过的标准建议草案无异议，即可成为食品法典标准。在这种情况下，就无须进行第 6、7 步，而是从第 5 步直接到第 8 步，即标准加速制定程序。

第 6 步：再次征求成员和所有相关方意见。法典成员/观察员和所有相关方就 CAC 审议通过的标准草案提出意见。

第 7 步：CCPR 再次审议标准草案。CCPR 召开年度会议，讨论并审议农药残留限量标准草案以及成员意见。

第8步：CAC通过标准草案，并予以公布。CCPR审议通过的标准草案，提交CAC审议。CAC审议通过，成为一项法典标准。

二、标准加速制定程序

上文提到的第5/8步，是为加速农药残留限量标准的制定而采取的标准加速程序。当推荐的标准建议草案在第一轮征求意见和CCPR审议时没有成员提出不同意见时，CCPR可建议CAC省略第6步和第7步，即省略第二轮征求意见步骤，直接进入第8步，提交CAC大会通过并予以公布。使用该程序的先决条件是JMPR的评估报告（电子版）至少在2月初可以上网获得，同时JMPR在评估中没有提出膳食摄入风险的关注。标准加速程序如下：

第1步：制定农药评估优先列表。

第2步：JMPR评估并推荐农药残留限量标准建议草案。

第3步：征求成员国和所有相关方意见。

第4步：CCPR审议标准建议草案。

第5步：CAC通过标准草案，并予以公布。